「青き清浄の地」としての里山

―生物多様性からナウシカへの思索―

中村聡

九州大学出版会

はじめに

近年自然環境保全の声はいよいよ大きくなり、その中で「人間の存在は自然環境に弊害でしかない」と見る見解もある。しかしそのような議論に接したときに、そこから希望を見いだす人がいるだろうか。これを以って実際に「人類滅亡良し」と結論づける論者は少ないとしても、論理的にはほとんど一本道のように見える。かつて筆者も「これは『言えない真実』なのだ」と理解していた。

これに対する反対論を展開するには、例えば最初から価値判断の源を人間の側に置くならば「人類滅亡後には、そこに残る自然環境の価値を評価し得ない」とか、更には存在論からの批判も可能である。しかしながらこれらの反論は、結局立場の相違にすぎない弱点を除いても、人間以外の生物への共感を肯定する素朴な心情には違和感を残し、必ずしも魅力的な解答になっていない。こうした閉塞感と向き合いながら、それを打ち破る新しい視点があることに気づいた。

本書のアウトライン

本書の前半部分で議論したいのは、人間の介入によって創り出された環境である「里山」の分析を通じて、当初の「人間＝自然環境に弊害」の図式を逆転し得る。その点をまず検討する。このような視点の転換を可能にするのは、本質的に生態学的知見の発展に負うのであるが、大方の生態学者が唱える里山論とは異なり、ここではもはや里山は保護の対象であることができない。その結果を受けて後半での議論において「里山」の意味は、稲葉振一郎が『ナウシカ解読』[1]に展開する「青き清浄の地」として、現実のこの時代の中で機能し得る「新しいユートピア」たり得る。そんな具合になる。

生物多様性の観点から里山が注目されるようになったのはごくごく最近のことである。現段階ではっきりしているのは、里山環境の消失が多くの生物を絶滅に追いやるであろうことである。更にもし仮に広域的な生物多様度を調査して数量化することができたならば、里山の方が原自然の生態系よりも生物多様度が高い結果を得るであろうことが推論される。

これを受けて里山生態系の保全を訴える意見は、少ないながらもいくつか既に展開されている[2]。しかしながら現実には里山生態系の保全は極めて困難であり、自然生態系の保全とは労力のみならず方法論も異なり、保全の結果向かうべき目標さえも定まらない。こうした困難は里山生態系が人為生態系であることに起因するのであるが、更にその意味を吟味するならば、里山がただの自然ではなく内側に我々人間を含み込んだ存在だからである。自然保護思想そのものとの間に不整合を来している。

一方で里山が我々人間を含む存在になったことで、里山の生物多様性は別の意味を持つようになる。かつて人間は自然を利用した結果里山を生み出したのだが、その里山は自然の側からも自らが豊かになるために必要なもので、自然が人間の影響を肯定し、更には人間を必要とさえしている。そういう場所としての意味を里山が持ち始める。

このとき我々が抱く里山への憧憬は直接には叶えられようのないもので、歴史を逆戻りさせることは我々にはできない。そこで「里山」を、未来に再び我々が「自然と人間の良い関係」に辿り着く可能性のあることを知らせる、希望のための根拠と見なす。これは宮崎駿の漫画に描かれた「青き清浄の地」に対する位置づけとして、稲葉が見いだした「新しいユートピア」の、実世界におけるひとつの例として機能する。

この点を具体的に検討するために、稲葉の「青き清浄の地」と「里山」の一致点と相違点を明らかにする。稲葉の「青き清浄の地」が「新しいユートピア」であるために欠かせないのは、漫画作品の世界の中で実在し、なおかつそこでは平和が実現している、この二つが両立することである。漫画の中で、ナウシカたち人間は「青き清浄の地」に行くことができないが、それが存在することによって平和な世界というものが存在し得ることをナウシカに知らせ、ナウシカはそれを希望と捉えて倦むことなく平和を希求するための支えとする。それが支えになるためには理想と実在の二つが、この「新しいユートピア」の中で両立していることが必要である。

一方「里山」には「自然と人間の良い関係」という理想が、稲葉の「青き清浄の地」の平和に代わって実現していて、歴史上の過去に実在している。現代の我々にとって「里山」に行くことはできないが、それが実在することで、未来に新たな「自然と人間の良い関係」を希求するための礎となる。この点で「里山」は稲葉の「青き清浄の地」のユートピア性を備えている。

一方相違点は、稲葉の「青き清浄の地」の平和は絶対的な平和であり、ナウシカたち人間がそこに到達することは人間であることを止めることになる、と位置づけられるが、本書では「里山」の「自然と人間の良い関係」についてそのような絶対性は持たせない。更に稲葉の「青き清浄の地」がやがて向こうから人間の前に現れて、人間のなしうることを審問に付す、のに対して、「里山」にそういう性質を持たせることは不可能である。これが両者の違いである。

最後に宮崎作品との直接的関係を考察する。稲葉の理想である平和が、「里山」では「自然と人間の良い関係」に置き換わっていることは、「里山」が「新しいユートピア」として機能する上では本質に関わるものでないが、宮崎作品について考える際には重要な意味を持つ。彼が自然と人間の関わりに対する関心を、作品の中で繰り返し見せているのは周知のことである。それが「自然と人間の良い関係」への願いであると言い得ることを分析して、その結果「里山」は宮崎作品への肯定的な解答になることを指摘したい。

自然への共感

後に触れる機会がないのでここで予め「自然への共感」に関連して言及しておく。日本人には受け入れ易い考え方であるが、世界の環境思想の中でどのように位置づけてよいのか、筆者は整理できていない。一面として「自然への共感」の中にはアニミズムの日本的な要素があると見なすべきかもしれないが、それに対してヨーロッパの厳しい自然環境の中で発展した諸学問が、概して自然と人間を対立的に捉える傾向があるのはよく指摘されるところである。

現在の環境思想もいろいろと幅広く異なる思想[3]-[4]が提案されているにも関わらず、全体的には西洋思想の成果に依存して議論が進められ、その強い影響下のもとで発展してきている[5]。例えば「自然の権利」の形で「自然への共感」を取り入れようとする。しかしそれは自然を人間社会の一員に取り込んで人間社会の規範に従わせるような含みを持った方向性であって、自然のありのままの姿を分析する中から人間との関係性を論じるのとは、思想的土壌が大きく異なる印象を拭えない。

本文の後半でこの点に少しだけ言及しようと思うが、これから展開しようとする里山論は、新たな環境思想の提案にもなっていて、しかもこれが自然科学的事実の考察に端を発するものであるだけに強力なものになって、大多数の環境思想に対してその土台を掘り崩すような、極めて過激な作用をもたらすものと位置づけるのが正しいのではないか、との予感も抱いている。しかしそうであるならば、その点を検討するのが本書の趣旨でないだけに、付け足しが長くて重いものになりすぎる。

いずれにしても本書の内容を既存の環境思想の中に位置づけることには、現状では筆者は少なからぬ難しさと迷いを感じており、その点については当面のところ立場を留保して、読者諸賢の判断に委ねることにしておきたい。

目次

里山の地理的範囲

本論に入るにあたってまず里山の地理的範囲を明確にしておこう。元来は人里に隣接し、人間活動に深く取り込まれた山林を意味する言葉であったが、ここではもう少し広く、人里やその周囲の農耕地まで含めた領域を「里山」と呼ぶ。これは例えば、政府が提唱する「SATOYAMAイニシアティブ」の中での里山の意味内容に近く、学問的に定義される場合にはこうした広い範囲を「里山」と呼ぶことが多い[6]。

更に本書では途中で「里山」が再定義される(84頁)。これから展開される議論の内容を基に里山を吟味して、自然と人間との関係性まで含む抽象的な概念として「里山」と呼ぶようにに変更することになるが、今の段階ではさしあたって、地理的な範囲にだけ留意して貰えればよい。

第一章　里山の生態系

初めて「里山」という言葉を知ったのはいつの頃だったたか、「そうそうあれのことだよね。でも何だか良いネーミングとは思わないけどな」と思ったものである。それよりも更に古く、原生自然のブナ林などの森林を、人間の開発の手から守ろうと世間が立ち上がって間もない時期に、「それでは草原の生き物たちはどうすれば良いのだろうか」と筆者は疑問に思っていた。

当時はまだ中学生か高校生だったはずである。新聞などに書かれる世間の論調に疑問を感じながらも、その疑問を発言するなど思いもよらなかったのだが、その後かなり年数が経ってから、本文中に言及する『富士山にすめなかった蝶たち』を書店の新刊本コーナーで見つけたとき、パラパラとめくって驚いた。その著者が私と同じ意見を持ち、疑問に感じつつも言えなかったことを代弁してくれているのだった。今と違って当時学生の私はすぐには本を購入しなかった。そのまま閉店時刻まで立ち読みして店から追い出されて、翌日また立ち読みに行って最後まで読み終えたが、どうしても書架に戻すことができなくて、既に読み終えた本を買うためにレジに向かった。

更に後のことだったと記憶しているが「里山」という言葉に出会ったときにも、その言葉がまさに自分の求めていた概念を表現した言葉であると即座に気づいた。「いつの間にか誰かが考えていてくれたのだ」と知り、喜びつつも「里山」と表現することには少々違和感があったのだ。必ずしも「山」である必要はなく、平野部であっても同じ問題が内在していて、むしろ人間の関わりは、山岳地ではなく丘陵地から平野部でこそ大きくなるからである。事の本質を人々に見誤らせるのではないか、との予感があったのだが、現に実際その傾向は否めない。

こうしてかつて自分が抱いた疑問が実際に正当な疑問であったのだと知ることになったわけであるが、少なくとも当時の筆者は、専門家と呼ばれる人々の怠慢と遅滞を憎みつつも、一旦はこの問題を解決済みのことと捉えて忘れていた。ここに稿を起こすに至ったのは、最近更に深く里山について考えた結果である。

東京の真ん中で育って自然に渇望していたのが、地方大学に就職してから何となればいつでも野山に出かけられるようになった。そうする中で、草原だけでなく森林にも人間の営みを必要とする植物が多数あることに意識が向かった。更に大学の同じ建物内に疑問をぶつければいつでも一緒に考えてくれる生物の研究者がいたことも幸いだった。そういう中で徐々に自分の考え方が固まっていった。昔に比べれば生態系の構造に対する我々の認識は格段に深まっているのだが、それを我々が自然に関わる際の方針へと反映するときに、大きな過ちを犯しているとの認識を持つに至り、その過ちを訂正することは生粋の生物学者には、専門分野の守備範囲から考えても立場上の制約から考えても無理な相談なのだ、と考えるようになった。それ故にこうして浅学な筆者がこの論考を世に問うことを決意した。

では今述べたような原生林への我々の態度はどうやって生まれてきたのか、里山に対する態度はどうなっているのか、生態学的研究の進展とそれを受け止める社会の動きを対応づけて眺めることから、まず話し始めよう。

一　生態系への価値判断

原植生の探求

日本の自然環境は元来、人間が関与しなかった場合にどうなるはずのものなのか。そういう興味からの調査は、植物生態学ないしは植生調査という方面からかなりよく行われてきている。必ずしも筆者の専門分野というわけではないので、間違いもあるかもしれないが、これまでに個人的に調べて理解してきたものを纏めると次のようになる。

植生の違いを捉えて客観的な言葉で表現するにはどうしたら良いのか、事はそんなに簡単ではない。確かに我々は「豊かな自然の森林」とか「雑草だけの荒れ地」というような認識を持つことが少なくないが、この感覚をどこまで客観的な表現に置き換えられるのか。植生を見慣れた人とそうでない人とでは「荒れ地」の意味も微妙に異なって、外来生物に敏感な人にはセイタカアワダチソウの群落の方がススキとクズの群落よりも「荒れて見える」というようなことが起こる。

そこで生物の分類と同様に、植生が分類できるのではないか、との発想に基づく研究が起こってきて、分類体系は一応の完成を見ている。中でも本命視されるのがチューリッヒ・モンペリエ学派による分類手法[7]で、植物同士の相互関係に焦点を当てる特徴から、彼らの方法を「植物社会学」と呼んでいる。当然ながら常に再検討が加えられていて、特にこれから述べようとする里山の植物群落については、自然植生に比べて構造の把握がやや遅れているようである。

調査は均質と解される領域を区画に区切って区画内の植物種を調べる。区画の大きさは常識的に小さすぎない最低限の広さが必要で、例えば高木層が一〇メートルを超えるならば一区画を二〇メートル四方にするなどとして決められる。更にこうした区画複数について調べられた結果、植物種と区画の一覧表ができあがる。この表の中から「互いに連動して出現する種」と「互いに相反して出現する種」を見いだして、類似した区画が隣り合うように区画を並べ替えていく。この作業で先入観を入れないことが肝要であるが、こうして区画の分類が完成した後には、当初「均質」と思っていた植生が複数の下位分類に分けられる、という寸法である。これでやっと分類作業の中のごく小さなユニットが前進したわけで、これを繰り返すことで全体像が見えてくると言うのである。

こうした現地調査から表操作を経て植生分類に至る作業は、高い専門知識が必要な上に忍耐力も求められるのだが、それをやり遂げた後には、更にその先の議論へと進むための詳細な情報を獲得したことになっている。特定地域の植生図を完成させるには、航空写真などを利用して、調査していない地域の植生を調査済みの植生のどれに相当するか同定していく。更に植生の成立環境、例えば湿潤向陽地の植生であるとか、環境条件との対応関係を見ることも行われ、過去や未来の植生に関する推定も、こうした現存植生のデータを基に行われる。推定には環境条件が同じで、人為的攪乱のない場所のデータが大きな貢献をする。大凡のところはその植生こそが、本来その地域に成立すべき植生である、と考えられるからである。

一般にそのような植生調査が困難に直面するのは、平野部でほとんど完全に元の植生が失われてい

ブナ (左) とツブラジイ (右) の枝先

るような地域であるが、その場合には多くの情報を社寺林に依存している。当然種々の問題はあるが、とにもかくにもそれらの情報を基に、人間の関与が止んだ時に成り立つ「潜在自然植生」や、人間の関与が始まる以前の「原植生」が推定される。その結果として「シイ林」とか「ブナ林」、あるいはもう少し広く「照葉樹林」とか「夏緑樹林」などが、日本列島の主要な潜在自然植生であり、また同時に原植生でもあった、と見なされるに至っている。

ここでもし、原植生の主要な植物が絶滅していたり、人為的働きかけや地盤の崩壊で地質が変化していたり、あるいは時々あることなのだが、元の植生が環境の変化に対抗しながら堪えてきた場合に、その現存植生を取り去ってその後に放置したら、別の植生に向かって収斂していく。これらの場合には原植生と潜在自然植生は異なることになる。日本では両者がほぼ一致する傾向にあるが、大陸ではそうとも限らない。

古くから樹木の伐採が避けられてきた神社などに見かける高木は、低地の暖かい気候ならば椎の木や樫の木である。これらはドングリのなる常緑樹で、椎の木にはスダジイとツブラジイという二種類があり、樫の木にはもっと多くの種類がある。椎の木のドングリは小さめだが、生食しても渋味がないので動物にはもちろん、かつての日本人も好んで食べていたらしい。スダジイのドングリは先端が尖った紡錘形をしているのに対して、ツブラジイのドングリは球形に近く、ちょこんと先端の尖り頭が付いているような感じである。だから「円(つぶ)ら椎(じい)」というのだ。

スダジイ（左）とツブラジイ（右）のドングリ

冷涼な地域の夏緑樹林を代表するブナのドングリも小さくて渋味がない。なぜか原植生を構成する主要な樹木の種子は、動物に食べられることを厭わない。動物に食べられつつ残った種子で子孫を残そうとする樹木たちが多いのは、まるで動物たちに共存しようと語りかけているかのようでもある。平野部の原植生として典型的なシイ林にはこの他にアラカシなども期待されるが、アラカシは人為植生の中でも頻繁に見つかるので、アラカシの存在は自然度の高さとは関係がない。そしてアラカシのドングリは渋いから、かつて人間は長期間水にさらして渋抜きをして、生食できるドングリを食べ終わった時期以後に食べていたとも言われるが、実際に試して見ると単純に長期間さらすだけでは成功しないので、縄文期の遺跡に見つかるドングリの貯蔵池は貯蔵が主目的で渋抜きを期待したものではなかったのかも知れない。だが渋みの強いドングリを食べる方法を過去の人々が身につけていたという点では間違いないようである。種類数としてはこのような渋いドングリの方が多いのだが、原植生の主要樹種となるとシイ林のシイと言いブナ林のブナと言い、小さくて渋味のないドングリの木が日本の原植生の主役を占めて、脇役たちに渋味のある概して大きなドングリの木が名を連ねる。

こうしてドングリの木が主体の森林が広がるのは、日本列島の大部分の地域で共通する。暖地のシイ林やカシ林、そして冷涼な地域で夏緑樹林になった場合でも、落葉樹のブナやミズナラ[注1 (p.55)]など主要な樹木がやはりドングリの木、即ちブナ科植物である。そんなわけで日本の国土の本来の姿は「ドングリの森が広がる国土」だと考えられている。世界全体でいうと、ブナ科植物主体の森が広がるのは氷河期に氷河に覆われなかった地域の特徴とされ、日本列島はそうした地域のひとつである。

植林と楠

自然植生の探求に比べると「人為植生」には最近まで十分な注意が払われてこなかった。今現に存在する「現存植生」については、調査の結果がまとめられ、例えば宮脇昭編著の『日本植生誌』[8]などに広範な地図が作られているが、その評価については潜在自然植生に比して熱心だったとは言い難い。

更にその延長上に様々な植生への価値判断という状況が生まれる。即ち「原植生ないしは潜在自然植生に近い植生を、人為植生の上位に置く」価値観である。現在行われている植林活動の中で、最もよく植物種に注意が払われている場合が、その土地の潜在自然植生の主要樹種を多種混植しようとするもので、宮脇昭による植林活動[9]もそのようなもののひとつである。

逆に不用意な植林とは、少数の樹種を、それも「花が美しくて森林浴のスポットになる」とか、概して人間に利用価値の高い植物だけを植えるものである。更に芝生などの行楽のための広い空間に、ぽつりぽつり木を植えて「植林」と称していたりする。そうした不用意な植林に対して、潜在自然植生を調べてそれに沿った植物を植えるのは、環境保全の観点から画期的だったのは確かである。

植林を行う以上は何らかの植物を選択する作業が避けられない。しかしその選択基準に「潜在自然植生の植物種であるか否か」を採用するのが、本当に正しいことなのか自明なわけではない。潜在自然植生は基本的に極相林を考えることになるので、植生遷移の途中を経ずにいきなり最終段階を実現する営みということもできる。

例えば楠（くす）に関する議論は多くの人に驚きを与えるかもしれない。楠はその寿命の長さや際だつ大樹の多さから、照葉樹のシンボル的扱い[10]を受けているが、極相林に参加する樹種ではないので、その土地の潜在自然植生が照葉樹林だったとしても植林の対象にはなり得ない。それどころか古い時代の帰化植物である可能性まで疑われ、生態学的には価値が低いものと見なされる。ただし、実際に野山を歩いた経験から少し私見を述べると、クスノキはいわゆる先駆樹種注2(p.55)のひとつとして振る舞っていて、人為的攪乱がなくても火山噴火後のアカマツ林段階の林に入り込んで[11]、アカマツ衰退期にアカマツに代わって林冠部を占めようとしていることがある。であるから極相林に見あたらないことは必ずしも帰化植物を意味しない。そこで仮に帰化植物でないとしてもやはり、クスノキは植生遷移途上の一過性の植物にすぎないのであって、極相林には参加しないのだから植林の対象たり得ない、というわけである。

似たようなことが、日本の国蝶オオムラサキが幼虫時代に食べるエノキについても言える。エノキも基本的には先駆樹種として振る舞い、極相状態では河川の氾濫で常に攪乱を受けている河岸の辺りに少し残るだけであろうと推定されている。それに応じてオオムラサキも生存する範囲を厳しく制限されるはずである。

クスノキやエノキ以外にも極相林に参加しない植物は大変多く、潜在自然植生だけに価値を認めてそれ以外の植生を残す必要がないとするならば、非常に多くの植物が、そしてそれらに依存する非常に多くの動物たちが、存在しなくて良いことになる。

植生自然度階級――科学研究の方法

現存する植生に対する評価方法に、人間の影響が小さいことを基準とした「植生自然度」という指標があって、国内の様々な植生を一〇段階に区分けしている。その最上位の二つが基本的に人間の影響を受けずに成立する植生である。この植生自然度に着目して調査結果を集約することも行われ[12]、環境アセスメントの基礎資料などに利用されている。

自然度指標の存在は、自然度が高い植生ほど優れていると見る価値観に繋がって、植生を見る目が培われて判別が付くようになると「自然度が高くて良い森だなあ」というような言葉がついつい出てしまうようになる。潜在自然植生を人為植生の上位に置く価値観は、更に洗練されて数値化された概念である植生自然度によって、その数字の高さで植生の価値を判断する方向へと発展していくことになる。

既に述べた植生調査研究の具体的プロセスを思い起こそう。直接に調べるのは現存植生であり、そのほとんどは人為植生である。そこから推定して潜在自然植生や原植生の分布状況を決めようとする。このとき研究者が直接の調査結果よりも推定結果の方に価値を置いた理由は、自然科学の方法論の中に答えがある。現存植生は「移ろいゆくもの」であり、人間の関与の仕方の目まぐるしい変化に応じて常に変化し続けている。それに比べると潜在自然植生は「不変のもの」である。一般的に科学の方法では「不変なもの」を出発点に物事を分析していくので、「現存植生がどうであれ、まず潜在自然植生を基準に考えよう」と研究の方向性が定まってくる。

それ故に研究者は、人間の関与の少ない植生に遭遇したときに「これでこの場所の調査が大きく前進する」と喜ぶわけなのだが、逆に人為植生ばかりの地域に足を踏み入れれば落胆することになる。このような心の動きは研究者として至極真っ当なものなのだが、これがいつの間にか植生に対する価値判断へと転化してしまった可能性はないか、疑念の余地がある。

よほど慎重に吟味しない限り自然科学研究者にとっては、日常的な「科学的方法にとって価値のある植生」の判断を、「その場所に我々が実現すべき価値のある植生」の判断から区別することは難しいように思われる。まずは科学研究に関わる利益の問題がある。つまり自然植生が破壊されることで、その場所の原植生や潜在自然植生を調べる手立てを失うことの損失は、研究者であれば当然気にする点である。しかしそれだけのことであるとするならば、それが研究者の利害に止まらない普遍的損失なのかどうか。そこにはかなりの飛躍があるはずなのだが、筆者自身が科学者の一員として研究者集団の中に身を置いている実感から言えば、これらを区別する時には、日頃慣れた科学的思考プロセスから一旦離れて、自分自身の発想を客観視するような手順を必要とする。自分たちの研究が社会の役に立っているという健全な職業的自負心は、その研究を妨げることが社会の損害でないはずがない、との判断に直結する。仮に彼ら生態学者たちがこの飛躍に気づかずに、結果的に世間の人々をミスリードしたとしても、彼らの不注意は彼らの実態に即して言えば、咎め立てられるような過失には当たらない。彼らは本来科学者で価値判断のプロではないので、逆に特殊な能力を持つ科学者でなければ不注意を避けるのが難しく、多数派が同じ過ちを犯してしまう。

こうした科学者集団の行動を考えると、人為生態系の上位に自然生態系を置く現代の価値判断の源流は、最初に述べたような「恒常的なものに着目する」科学的探求の方法論から説明されるのかもしれない。それと世間の素朴な感覚が共鳴しているのだから、社会全体がこうした価値判断へと傾いていくのには抗しがたいものがある。即ち「自然であればあるほど良い」と思っていた素朴な価値観に科学的根拠が与えられたと、多くの人が無批判に結論を受け入れてしまう。

蛇足ながら、科学者が価値判断の領域に踏み込むこと自体については、むしろ今後望まれる方向性だと筆者は考えている。これからの科学者は積極的に科学の領域から踏み出して、そのとき自覚的に思考過程を吟味すべきであると。その吟味の部分に慎重さを要する、というのがここでの結論であるが、だからと言って間違いを恐れて科学の領域に止まり続けることが良いことだとは思わない。科学それ自体は価値判断に中立である。そのことは科学の真理追究における強みでもあるのだが、社会との関わりの点では弱点でもある。それを自覚したならば、人間としての科学者は科学だけで自己完結できないはずである。

そういう意味で植林活動を行っている宮脇昭はある意味の英雄である。宮脇は研究室に閉じこもり続けるのではなく、研究活動の結果確信するに至った「望ましい植林」を実行すべく、世間に発信して実際に自らも行動を起こした。この行動は研究者仲間からは必ずしも芳しい評価を得ていないが、それと引き替えに現代日本に思想的な影響をも与える巨人の一人になっている。こうした彼の行動から科学者が学ぶべきことは多いのではないかと思う。しかし本書では宮脇の更に先を考えていきたい。

「富士山の蝶」

今から二〇年程前に、清邦彦による『富士山にすめなかった蝶たち』[13]という書物が出版された。そこには「富士山麓の草原性蝶類が生息場所を奪われて滅びていく」ことを訴える、孤独で悲痛な叫びが綴られていた。極相林と違って草原は、人間の関与がなければ消えていく運命にある。これを保護するのに必要な労力が、絶望と共に記されていた。当時の状況としては誰も保護を訴えない草原の方が、保護するとなると必要な労力が大きい。清は既にそのことに気づいて絶望していた。

清の主張は当時としては完全に社会の状況から突出していて、そもそも半人工自然である草原を維持しなければならないと考える人がほとんどいない中で、維持するための方法や労力にまで踏み込んだ彼の議論は孤立していたと言ってよい。草原の環境を保護すべきであること、そしてその保護が森林の保護よりもはるかに難しいこと。この二つに早くから気づいていて、それを著書の中で発言していたが、それが日本社会の共通認識となることはなかった。

このような状況に変化が見えるのはごく最近のことである。このところよく耳にするようになった話に「絶滅危惧種[14]の集中する地域の半分は、里山と呼ばれる地域と重なる」というものがある。これは生態学におけるひとつの発見だったのであるが、その意味するところを一言でいえば、「富士山の蝶」という現象は実はありふれていたのである。これまで保護の対象と見なしていた「自然生態系」より、むしろ「里山生態系」の方が一層危機的状況にあることが、初めてデータとして示された[15]。今の日本の自然環境に対する生態学的認識はそのような段階にある。

それで現在、里山生態系をどうしようとしているのかと言うと、それを保護しようとしている。つまり清が「絶望」した困難な道を進もうとしている。いや、困難な道を進もうとしているのは生態学者たちだけで、日本社会の行動は彼らの声を無視していると言うより無視しているに近い。意識的に無視しているのであるが、それにも、彼らの声を聞いてそれに従いたいとは考えているが、なかなか実行が伴わないのである。それに

土中産卵のキリギリス (左) の産卵管は長く直線的だが、二回りほど小さいヒメギス (右) は鎌形の産卵管で草の茎に産む

は理由がある。

二　里山生態系の保護に伴う困難

草地と雑木林

　ではなぜ里山生態系の保護は「絶望を覚えるほどに困難」なのか、どこが自然生態系と違っているのか、次に検討しよう。答えは容易に想像がつくように「人為生態系だから」なのであるが、保護に必要になる労力をもっと具体的に記せば「絶望を覚える」理由も明らかになる。

　例えば草地を維持するには、定期的に火入れを行うのが最も楽な方法である。それだけでも火を扱う際の事故の危険性に神経を使うと同時に、周囲への延焼を防ぐための緩衝帯をつくる「輪地切り」の作業などでは非常に労力が掛かるのだが、実は火入れによって維持される草地と草刈り

キスミレの鮮やかな黄色花

によって維持される草地はかなり内容が違う。

九州の中央に位置する阿蘇山一帯には放牧のための草原が広大に広がっていて、今も火入れによって草原状態が維持されているのだが、現地を歩き回ってキリギリス類を探した経験がある。案の定、本来なら多数派であるはずの草の茎に卵を産み付ける種類のキリギリス類が全滅だった。卵が草と共に毎年早春の火入れの時に焼かれてしまうのだ。逆に地中に産卵する限られた種類のキリギリス類[注3 (p.55)]は見いだされたので、キリギリス類の種多様性に関する貧弱さが、火入れに起因するとの認識を強めた。もちろん草刈りでも卵の安全は確保されないが、刈り残しがほぼ確実に発生するし、刈った後の枯れ草がいくらか現地に残されれば卵も助かる場合がある。だから彼らにとっては、火入れよりは子孫を残しやすい。

とは言うものの阿蘇の草原にはやはり生態学的に価値がある。キスミレは絶滅危惧種に指定されているが、阿蘇から久住にかけて広がる牧草地はキスミレの大群生地でもある。またオオルリシジミという蝶の生息地は、国内では阿蘇地方と信州に残るだけの危機的状況にある[16]。

草地は里山の中で芝刈場として機能してきた。家畜の飼料や屋根などの素材として使う草を確保するために、畑よりも広い領域を草地として維持していたのだが、今となっては不必要になって放置されている。放置されればすぐに草地は樹木に覆われて草地でなくなる。そこで草地という植生を維持したい、しかも生態系の内実まで含めて維持したいと考えるならば、火入れをする場所だけでなく、草刈りをする場所も含めて両方を用意しなければならず、毎年の火入れと草刈りが必要である。その負担を我々の社会が担うならば、草地は維持できる。

だがしかし、草刈りする労働を担うのは誰なのか、刈り取った刈草はどうやって処理するのか、小規模ならともかくかつての里山のような規模で行うのはもちろん、生物の絶滅を防ぐような規模でさえも実行は容易でない。阿蘇では比較的労力の少ない野焼き草原を維持しているわけだが、それでも地域の畜産農家だけでは継続が難しくなり、都市住民によるボランティアが不可欠になってきている[17]。ボランティアの労働力が頼れる背景には、作業が春の野焼きと秋の輪地切りに集約されて、年二回のイベントとして都市の住民を募集できたことが大きい。草刈りも含めた大部分の日常的な農作業に、阿蘇の手法の応用が難しいことは明らかだろう。

最も里山らしい場所として雑木林を考えると、雑木林の林冠部を優占する樹木はコナラやクヌギで、これらの樹木は薪炭として利用するのに適していると同時に、定期的な伐採に対して切り株から更新芽が伸びて素早く元の森を再生する能力に優れている。更に頻繁に林床の落ち葉を人間が利用するために持ち去ることで、表土が乾燥気味になるが、その環境に適応している。このような様々な条件が重なってコナラなどの樹木を主体とする多種多様な落葉樹による林を構成する。この場合も放置すればまず林床に低木が茂り始めて、徐々にそれらがコナラなどを駆逐して極相林に移行していく。

逆に人間の干渉が強すぎると、コナラよりも更に乾燥に強いアカマツが優占してアカマツ林に変化する[18]。更に頻繁に伐採や下草刈りが行われると、草原へと退行遷移する。こうした様々な状態の林を総称して「雑木林」と呼んでいる。

雑木林の覇者であるコナラとクヌギは、どちらもドングリを落とすブナ科コナラ属の高木で、似たような環境を好む樹木だが、人間が利用する観点から見ると多少性質が違っている。もちろんクヌギの樹液にカブトムシやクワガタムシが集まるのは有名で、子供たちにとっては特に有益な性質だし、この点は生物多様性を重視する観点から見ても軽視できない部分であるが、薪炭林としての雑木林を維持する江戸時代の人々の立場から見る場合には、また違った視点から見ることになる。

コナラの枝先

薪炭林としての有用性は、一言でいえば「生産力のクヌギ」に対して「世話の掛からないコナラ」といった感じである[19]。どちらも切り株が枯れずにひこばえを伸ばす能力に優れ、その後も早く成長して雑木林を再生するのだが、その上で更に両者を比較するとクヌギの方が成長が速い。成長の速い樹木は概して材質が荒くて軽い木材を生産するものだが、コナラとクヌギの比較ではむしろクヌギの方が材が緻密で、同じ体積でも燃料に利用したときの発熱量が大きい。また、繰り返しの伐採に対する耐久力でもクヌギが勝る。別にカブトムシが集まらなくても、クヌギの方が薪炭林として価値が高いわけである。

クヌギの枝と成熟近いドングリ

では全国の雑木林がクヌギ一辺倒になったかというと、むしろコナラの方が広く利用されてきた。クヌギの欠点は、落ちたドングリから勝手に芽生えが生長してくれないことである。そのため、別に用意した苗床にクヌギの幼木を育てておいて、老木が寿命尽きたときに植え付けに行かなければクヌギ林を維持できない。その違いが「生産力のクヌギ」に対抗するコナラの優位点である。

このようなコナラとクヌギの性質の違いは、自然林の中での両者の立場の違いにも現れている。コナラ林が自然に成立する環境は、やや乾燥気味の山の斜面などで、乾燥とは言ってもアカマツ林ができやすい山の稜線沿いよりは湿潤な環境、典型的には稜線から少し下った斜面のような場所で、安定した極相として成立することがある。それに対して、クヌギ林というのは自然林の中では難しい。クヌギというのは元来はコナラ林の中の脇役である。偶然に生じた倒木跡やコナラ林になる初期の段階に、他の植物が太陽の光を遮る前に枝葉を延ばせば生きていくことができる。クヌギは人間に利用される以前の自然状態では、綱渡りのように子孫を残してきたと言ってもよいだろう。

例えば仮にコナラとクヌギの混交林があったとしても、世代が変わるにつれてクヌギは減り、コナラ主体の林に変貌していってしまう。それを混交林に止めておくには、人為的な伐採と植林を続ける必要があり、人間にとっては多くの場合、その手間に比べて両者の有用性の差が小さかった、ということになる。

実際に雑木林がコナラやクヌギに占領されるようになった原因は、人間から見た有用性もさることながら、それ以上に、人間が定期的な伐採や落葉掻きを繰り返したことが大きい。そのような環境に耐えることのできた樹木の第一位がコナラで第二位がクヌギだった。コナラやクヌギに混じって雑木林に出てくる植物、例えば少し樹高の低いエゴノキなども含めて、雑木林の樹木は全体に落葉樹が多く、林相はブナ林などと同じ夏緑樹林であるが、落葉樹主体になる原因は人間が時々樹木を伐採することに起因している。いわゆる陽樹と陰樹の関係が、大まかに落葉樹と常緑樹に対応する。伐採後に競争すると陽樹が勝つ。しかし伐採がなければ林床に光が届かないので、陰樹である常緑樹の幼木が生き残って次の世代を制する。伐採が繰り返されると成長の速い陽樹に有利な条件が持続するため、温暖な地域でも雑木林は落葉樹主体の植生になるのである。

人間が林を薪炭採取の場所として利用し始めた結果、独りでにコナラやクヌギが増えてきて雑木林ができあがっていき、人間に好都合な林に植生自体が構成種を変化させていった。しかし雑木林の維持についての労力は必要最低限に止めておきたい。それが過去の人間たちの取った行動である。

よくいう「荒れた林」とは、人間の関与が停止したことによる植生遷移が始まって、まだ極相林よりは元々の雑木林やスギ植林地などに近い林のことである。その遷移段階の時には林の中に灌木や蔓植物が繁茂して[20]、あるいは倒木が折り重なって、人間が林床に入れない状態になる。それから長い年月を経て、極相林に近づいて植生遷移が安定してくると、再び人間のような大型動物が動ける空間が開けてくる[21]。もう少し厳密に言えば照葉樹林では、林冠部の枝葉によって日光が遮られ、シダ類や低木が散生するだけの薄暗い空間が林床に開けてくる場合が多いが、夏緑樹林では林床はササ原になる場合も多く、人が快適に歩けるとまではいかないながら、野生動物の基準から言えば十分動けるようになって、更に動物が頻繁に歩くルートには「ササの中の細いトンネル」のような獣道ができてくる。「人を寄せ付けない原始の森」というイメージとは逆に、極相林の方がかえって歩きやすいのは意外かもしれない。

林の健全性を表現する時に、どういう観点から言っているのか注意しなければならないことがある。今述べたような「荒れた林」に対して、元々の人工林を健全と見なすのか、逆に長年放置して辿り着く極相林を健全と見なすのか、これらは時間軸の上で逆の位置にあるにも関わらず、どちらも「荒れた林」とは呼ばない。しかしながら、そのとき「荒れた林」に対照される「健全な林」として想定しているのは、どちらか一方である。そして「荒れた林」という表現したときは、多くの場合人工林の方を健全と見なしている。特に林業の観点から林を見るときには、スギやヒノキの純林でちゃんと枝打ちがなされているような林を健全と見るため、生態系として林を見るのとは違うばかりかむしろ逆の評価になりがちである。

里山の保全作業

草地や雑木林の他にも里山を構成する要素として、溜池や大小の水路などの止水域とその水辺、更には田畑そのものや人間の通り道が存在し、そして肥料や燃料を得る営為は里山の動的な物質循環システムの一部を構成して、これらが一体となってひとつの生態系を支えている。

これを保護したいと考えると、現代では使い道のなくなっている落ち葉や刈草を大量に掻き集める労力がかかり、それらを処理するためだけに焼却などの設備を備える必要に迫られる。水路や溜池を維持するための浚渫、岸辺を石垣で造っているならば不定期に発生する石垣の補修作業、このような重労働を伴う作業が農業生産という対価なしに降りかかってくるとしたら、我々大多数の人間にとって受忍限度を超えた負担である。

もう少し楽な方法で処理するために重機が利用できるかどうか。多少は利用できる部分もあるのだが、全てというわけにはいかない。落ち葉を集めるにしても人間が通れる細くて急勾配の道が育む生物は、重機が通れる広くて緩斜面の踏み固められた道では生きていけない。そして樹木と樹木の間に重機が進入するのは困難、更に土壌と区別して落ち葉だけ集める作業は重機の最も苦手な種類の作業である。

浚渫は人間にとっては最大級の重労働であるのに対して、重機には得意分野である。しかしながら話はそれで終わらない。水路の幅も一定でなく岸辺もまっすぐでないから多様な生物に生活場所を提供する。石垣の護岸には生物の入り込む隙間があるが、コンクリートの護岸にはそれがない。

　このような観点からの指摘[22]が、例えば親水空間の岸辺の設計に対してよく聞かれるのだが、逆に重機が上手に浚渫作業を行うには、コンクリートによる真っ平らな護岸が適している。石垣の護岸で重機を使うと、浚渫泥土と一緒に岸辺の石垣まで掘り起こしかねない。それを予防するために石垣の隙間にセメントを入れて固定すると、見た目は石垣らしく親水空間として好ましく見えるが、肝心の生物の隠れ場所は失われてしまう。かつての里山の生き物が棲む水路を再現しようとするならば、重機の役割は小さくなって人間の作業量が増大する。

美しい金属光沢の模様を纏ったハンミョウ。道ばたで小昆虫を捕まえて頬ばっている。

農道は常に人間や家畜に踏まれることで、オオバコであるとか農道に特有な植物群落を形作るし、人畜による踏み荒らしが激しくて地面が露出した場所をハンミョウなどが狩りの場所として利用する。だから保護したいのであれば、毎日のように継続して道を歩く必要がある。短期集中的にでは駄目で毎日でなければならない、というのだから、とても保護のためだけに実行し得る政策ではない。

先に「困難な道を進もうとしているのは生態学者たちだけで、日本社会は彼らの声を無視しているに近い」と記したが、これまでに見てきた具体的な労力を見れば「日本社会の対応が正しく、生態学者たちの意見は無謀である」と判断してよいのではないか。多くの日本人は生態学者たちの意見に従いたいと思っているかもしれないが、実際に行動に移すのはかなり無理がある。

保全基準の問題

例えば植林活動で植える樹種を選ぶときに、敢えて里山の復元を考えたとしよう。そこでコナラなどの里山の構成樹木を植えることにするとしたら。そこまでは良いが、その後誰がどのようにその林を管理するのか。仮に管理する篤志家が現れたとしても、管理の方法によって違った生態系ができあがるものと期待されるが、それでは一体どの生態系を目指すことが望ましいのか、判断基準に困ってしまう。

もしクヌギとの混交林を維持したいのであれば、クヌギの幼木を育てる苗床が必要だが、クヌギを育てるべきなのか否か、江戸時代には両方のタイプの雑木林が存在したが、今新たに作った雑木林はどちらの道に進むべきなのか。クヌギ以外にも無数に決断を迫る選択肢が連続している。クヌギとの混交林ではなく、アカマツとの混交林も雑木林の典型例だが、乾燥気味に管理してアカマツを増やすのかどうか。コナラの伐採までの期間は如何に。下草の刈り取り頻度は。落ち葉を掻き集める時期は何月頃か。これらの決断に際して篤志家は何を基準に決めたらよいのか。維持管理の方向性さえも定まらないのが、人為生態系の特徴である。

草地に至ってはもっと複雑である。先に述べたように火入れによって維持される草地と草刈りによって維持される草地は内容が異なる。更に火入れならその時期や頻度も関係するはずである。そして草地は植生遷移が速いから、少し手を抜けばすぐに違った植生に変化してしまう。そのようにめまぐるしく変化する生態系の全ての段階が、里山における草地の目指すべき候補としての適格性を備える。さて「この場所で目指す生態系」はどういうものなのだろうか。

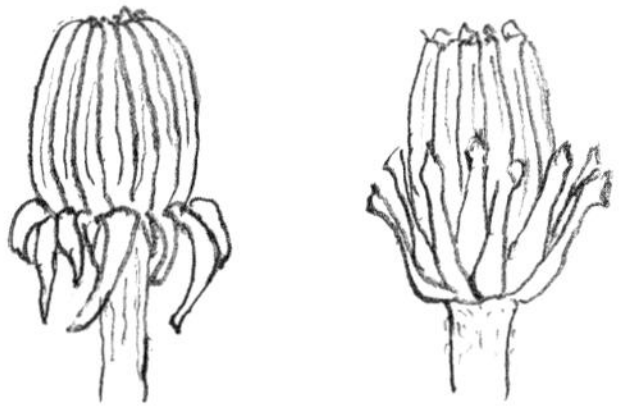

帰化タンポポ (左) は蕾の時から外皮が反り返る

道ばたに見かけるタンポポについて、「セイヨウタンポポとアカミタンポポが帰化して勢力を伸ばして、在来タンポポを駆逐している」というような話を聞いたことがあるかもしれない。その在来タンポポの生息地はまさに人里であり、里山の中でも草地や畦道のような場所で、暗い極相林の中にはもちろん雑木林の中にも居場所がない。そこで誤解を解いておくべきことには、一般に流布してしまったように帰化タンポポが在来タンポポと直接競争しているのではない。帰化タンポポに向く都市環境が増えて、在来タンポポの環境、即ち里山環境が減少していることが原因であると考えられている[23]。在来タンポポも里山の構成員である。

ただし最近では遺伝子の分析が進んで、在来タンポポと帰化タンポポは徐々に遺伝子が混ざりつつあることが分かってきている。雑種タンポポが発見[24]されてから年数は浅いが、その発見を受けて行われた遺伝子解析の結果、これまで形態的特徴から帰化種のセイヨウタンポポであると同定されていた株の八割以上が雑種タンポポで、純血のセイヨウタンポポの方が少数派だった[25]。もともと在来タンポポは種類が多く、それをどこまで独立した種と見なすかは意見が割れているが、種レベルでの、あるいは遺伝子レベルでの多様性に富む生物群と言える。今そこにまた新たな集団が加わろうとしている。

更に面白いことに帰化タンポポは、あるいは雑種タンポポかもしれないが、都市の他に登山者が登る山の頂上に少しばかり開けた場所があると、そういう場所で出会うことが多い。登山途中の森林の中には帰化植物が入り込めていないのに、山頂に辿り着いてやれやれと足下を見て、町中のコンクリートの割れ目と同じタンポポを発見するのは奇妙なものである。町中でさえ少し草丈が高くなると在来タンポポが優勢になるから、確実に帰化タンポポが期待できるのは本当に都市中心部である。山頂が在来タンポポでさえなく帰化タンポポなのは何故なのか、筆者はまだちゃんと調べていないが、山頂の開放空間も人為の仕業には違いない。わずかな違いで棲み分けている多様なタンポポは、様々な種類の人為的草原を必要としていると見るべきかもしれない。
このような里山に対して、人間の関与を受けない自然生態系の事情は全く異なる。単純に放置するだけで保護が達せられる。確かに放置するより効果的な政策はある。先に述べたような潜在自然植生の樹種の植林である。スタートがスギ林だったりすれば、一旦スギを伐採して植林した方が遙かに短期間で極相林に到達する。その場合でも「植えた苗木が活着したのを見届ければ、後は放置する」ことが求められるだけで、維持管理と言えるような労力は全く必要ない。そしてどんな生態系を到達点とするかも人間が決める必要はなく、放置した結果勝手に成立する生態系が目指すものである。

現代の日本では山を利用しなくなっているので、放置することは社会のニーズにも合致していて、何も保護を言わずとも既に日本中で実行されている。その結果日本の山の自然植生が回復しつつあることは、よく知られた事実である。

これを「化石燃料の利用が山を守っている」と表現することもあるが、そのような認識は「自然植生と里山の対立」という新たな構図に気づかせる契機となるかもしれない。明治時代に禿げ山ばかりだったのは当時の写真などからも言われているが、千葉徳爾[26]は河川の氾濫に関する記録から、実際に当時は禿げ山が増えていたことを論証している。禿げ山とは表面的に言えば柴刈り場に山が占領されている状況である。更には雑木林も、燃料を得るための伐採の頻度が高くなると、樹木が衰退して草地に移行する。このような経過を辿って、人々の間で燃料が不足すると山では必要以上に草地が増える。そこで雑木林は更に奥山に造られる、というように、人口増加によって里山が自然の山を浸食して拡大する。そのような状況から化石燃料が救った、というのである。

山の管理の成否は日本社会の動きに連動してきた。江戸幕府の治世が安定すると、それまで無秩序な伐採を受けてきた山林は保護されて安定した里山環境が続く。江戸幕府が倒されて再び山は無秩序に利用され始めて、先の「明治の山」の態様になる[26]。社会の不安定化はいわゆる「共有地の悲劇」と呼ばれる現象に繋がる。

安定した社会では、村落の入会地である雑木林は共有財産として管理され、持続的利用が図られるが、社会が不安定になると、他人より先に入会地の資源を利用する競争が発生して、植生の回復力を超えた伐採や更には樹根掘りとりと言った資源の過剰利用が始まる。当然ながら樹根の掘りとりは植生回復力を著しく損なうし、土壌の流失に直結する。土壌の流失は下流での河床の上昇を招いて水害の要因になるばかりか、集落にとっても、植物が安定して根を下ろす環境を失わせるので、入会地としての利用可能性を脅かす「種籾を食す」ような行為である。

これを抑止し得るには、公権力による林地の管理もあるが、仮にそれがなくとも社会の安定と連動する。村落の入会地の資源を過剰利用した結果が何をもたらすか、地域の住民が知らないことはあり得ない。すると人々の間の信頼関係が確固としているときは、逸脱者への制裁に対する恐怖が当面の利益を上回る状況が生まれ、過剰利用は起きない。ところが制裁は常に事後的に行われるので、明日のことが予見しにくい不安定な社会ではこうした抑止力が働きにくい。こうした人間社会の仕組みが要因となって、山の安定は人間社会の安定と対応してきた。

かつての里山生態系は人間社会の反映として存在したのであり、過去の日本人が目指して到達した結果ではない。その必要を失った今の日本社会において、里山生態系の保護を実行しようとするときには、あまりにも過大な労力が障害となるばかりか、目指すべき具体的な生態系さえも判然としない。それらが里山保全を推進しようとするときの困難である。江戸時代の農村のように大規模な里山環境を再現して維持しようと目論むことは、全く現実味のない無謀な計画である。

三　生物多様性から見た里山

ところで里山は何故多くの絶滅危惧種を抱えているのか。今まで里山の具体的な構造を見てきたことで、もう一歩深いところまで理解できる段階にさしかかった。

里山には雑木林から草地、田畑、農道、更には溜池、水路のような水系、これらの多様な環境が維持される。それらの多様な環境にそれぞれの生物が生息するだけでなく、それらの環境が接する境界上に生息する生物も多い。水辺も一種の境界であるし、林縁に棲む生物も多い。

一方の自然生態系では国土の大部分が森林に覆われて、草地は河川敷などに安定的にできる以外は、火山噴火の後に一時的に発生する程度である。水系にしても溜池のような止水域は少なく、水路のような緩やかな小さな流れというものはなお一層少ない。また水域の境界、つまり水辺の総延長は里山に比べると遙かに短くなる。土地の起伏も自然の力は単純化する方向に作用することが多く、人間が耕作のために造って維持する段々畑と石垣、掘割などから成る立体構造に比べるとかなり単調なものである。

こうした比較から分かる里山の物理的環境の複雑さが結果的に生物多様性を育むことに繋がっていくのだが、具体的に生物多様性を測るにはどうしたら良いのか、それを試みる最近の研究動向について次から見ていくことにしよう。

生物多様度指数

先にはクスノキや、オオムラサキとエノキ、コナラとクヌギなど、具体的な生物について挙げて考えてきたが、こうして具体例だけいくら列挙していても「それが全体の趨勢を決めるのか」判断することはできない。実際に里山に生息する生き物は多いのか、それとも稀な実例を選んで列挙しているだけなのか、その違いを判定するには特定の生物種に依存しない方法で、里山の生物の量的大小関係を、原植生ないしは潜在自然植生の生物の量と比較しなければならない。言い換えれば「生物多様性を数量化して比較できるか」という問題である。

生物多様性を測る指標にはいろいろなもの[27]が乱立していて、それぞれに長所短所もあることからひとつに絞ることが難しい。基本的には生物種数と生息数のバランスを考慮して数値化するのだが、その計算式にはいろいろなものが提案されていて、どれを選ぶかによって重きの置き方が違い結果も少しずつ異なる。

生物種数の大きさが生物多様度を高める要素として算入されるのは良いとして[注4 (p.55)]、生息数のバランスを算入するのは何故か、言われただけでは即座に理解できない人もいるかもしれない。むしろバランスに欠けた場合を念頭に考えれば良く、特定の生物種だけが猛烈に繁殖していて、それから閉め出された多数の生物が残るわずかな資源を分け合って生きているような生態系よりも、どの生物種も他を圧倒することなくほどほどに繁殖している生態系の方が健全だ、と言っているのである。バランスを向上すると言っても、少し生息数に差があるのを完全に同じにするときの変化よりも、大差があるのを小差に近づけるときの変化に今の場合には価値があると言えるから、そうなるような数式を考案する。しかしそうした価値観自体が幅を持つし、それを数式に落とし込む時にもいろいろな可能性がある。その結果様々な指数が提案される。

例えば、種数の方に重きを置くか、バランスに重きを置くか。あるいは種数が増えるにつれて、指数の方はそれに比例すべきか、それとも種数の増大につれてもう少し緩やかに増加するように平方根や対数関数などを使うべきなのか。そういう部分に非常の多くの可能性があり、指数がいくつも提案されることになった。

さてこのいくつもある生物多様度指数の中から特定のひとつの指標を選んで見ても、実際の調査結果に関しては十分な再現性が得られない状況である。例えば特定の生物種群を相手にすれば比較的信頼性の高い数値を得ることができるが、異なる生態系の間で比較する際には、生態系による生物種群の自然な偏りからくる影響を除去するのが難しい。かと言って全生物種を対象に調査して生物多様度を求めるのは、実行可能性という点からして問題がある。

そこで少ない情報から生物相全体の生物多様度を見積もるために、系統発生学的情報や生物以外の環境多様性に関する情報などを利用した省力化の指針が提案されている[28・29]のだが、それが里山生態系に適用されて成功しているかと言うと、現状は全く異なり、多くの報告では生息数さえ省略されて種数のみの調査結果から結論を導く状況である。

そんなわけで正確なことは言えないが、大雑把に言って雑木林の生物多様度は自然林のそれと同程度である。あるいは、むしろ雑木林の方が生物多様度が高いかもしれない感触もあるのだが、現状ではそれらの違いを議論できる程の正確さで測ることに成功していない。そんな事情からどうしても里山の生物多様度については、現在進行中の研究のまだ不確実な成果に依存するのだが、敢えて雑木林を放置して推移を調べ続けた結果、一旦は増加した植物に関する生物種数が、結局最後には減少してから安定したとの報告や、雑木林に侵入してくる自然植生の常緑樹を繰り返し伐採することで、植物相の種多様度が高く保たれるとの調査結果もある[30・31]。

常緑樹を選択的に伐採する「兵庫方式」は、大きな労力と危険を伴う高木の伐採を省いて、少ない労力で植生遷移を後戻りさせて雑木林を維持する目的で行われている。その成果を確かめる意味で植生の変化が調べられたのであるが、更に高木の伐採を行わないことによるコナラなどの齢構成が老齢樹に偏るのを防ぐ目的で、環状剥皮によって高木を枯殺する方法も提案され、兵庫方式と同じように高い出現種数が報告され、コナラの若齢樹が育つことも確かめられている[32]。これらの管理方法では厳密な意味ではかつての雑木林とは異なる生態系になるはずだが、これらの雑木林類似林の生物多様度が極相林のそれを上回る傾向にあり、控えめに見ても遜色はないと結論づけられる。

清が問題にした蝶に関してもその後の研究[33]によって、森林の植生遷移が進んで極相林に近づくと蝶の出現種数を減少させることが、データとして示されるようになって来ている。また蛇の生息数調査[34]でも、水辺の環境劣化に伴って特にヤマカガシの減少が著しい。こうして個別の生物群を対象にした調査では、動物と植物両方に関して里山生態系での高い生物多様性が見つかってきている。

水田について生物多様度が大きい傾向が分かっているが、単一作物を栽培することを考えると意外に思うかもしれない。水田が生物多様度を高める一番の原因は、水田の間に作られる畦道などの随伴環境との境界が存在すること、それにイネ自体が水中と空中を結ぶ立体的空間を提供することなどに依存している。

スギやヒノキによる植林地も単一作物を栽培する点では水田同様だが、生物多様度はあからさまに低い。物量としては雑木林のそれをむしろ上回る有機物を蓄積するが、水田と違って単純な土地利用であるから生物相も単純である。特に放置されて間伐が行われないと低くなる傾向が知られている。これはスギやヒノキの枝が茂って林冠部を密閉して下層に光が届かなくなり、落ち葉は腐敗が遅く植物の芽生えを抑制して、他の植物をほとんど完全に排除してしまうからである。管理されて枝打ちが行われると少しは林床に光が届いて、他の植物が育って生物多様度を高めるが、それは自然林に手を加えて雑木林にしたときに生物多様度を高めるのと似たような構図である。

更に理論的な角度から検討することによっても、雑木林の生物多様度が極相林のものと同程度か、あるいはむしろ高いと予測されるべきであることが推論される。ジョセフ・コネルは今から三〇年程前の段階で攪乱の重要性を見抜いて、熱帯雨林と珊瑚礁の生物多様性を念頭に置いた議論[35]を展開している。人為的な伐採や火入れから、自然の作用による火山噴火などまで含めて、生態系が自立的に発展するのを妨げる作用のことを「攪乱」と言う。こうした攪乱が生物多様度を高めるはずだ、というのである。

熱帯雨林の植生遷移は温帯林と同じように、陽樹から陰樹へと進むのであるが、時々崖崩れや強風による樹木の倒伏が起こって、植生遷移の最初から、あるいは途中から再出発することになる。そうすることで常に陽樹と陰樹の両方が共存できる。もし攪乱がなければ、陰樹だけが生存できることになり、生物多様度が低下するであろう。更にまた、主に珊瑚礁を分析しながら、大きな攪乱でなくとも頻度の高い中程度の攪乱によっても生物多様度が上昇する、と主張している。これらの主張の根拠を裏付けるデータは、実地調査の範囲では必ずしも全面的に得られる訳ではないが、生物多様度を高める他の対立仮説をひとつずつ検証して[36]、「熱帯林や珊瑚礁で見られる高い生物多様度の原因は、稀な大規模攪乱か頻繁な中規模攪乱に帰するのが無理のない解釈だ」と理論的側面から攻めることで結論を導いた。調査結果による検証を待つという意味で「中規模仮説」のように呼ばれていて、今になってその検証が兵庫での調査などによって与えられつつある段階ということができる。

この中規模仮説に接した露崎は「自分が学生であったころは、遷移が進むにつれ種多様性は増加

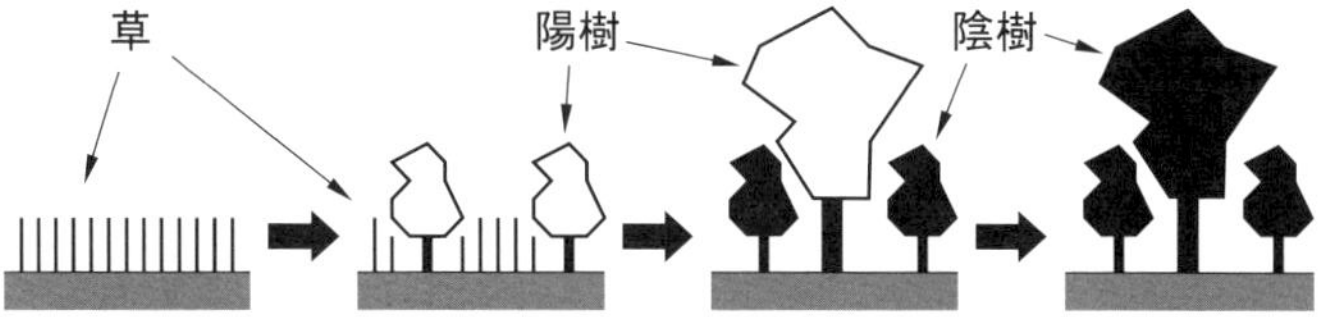

中規模仮説。ただしコネル[35]の図を改良。中間の「草〜陽樹若木」や「陰樹若木〜陽樹」の生物多様度が高い。

すると書かれた教科書がほとんどであり、そのことが極相を保護する根拠のひとつにあげられていたが、これはご破算となり、この論文を読んだときの衝撃は忘れられない」[37]と述べている。熱帯雨林を対象にしたこの議論を日本の温帯林に適用したならば、雑木林の生物多様度が極相林のそれを上回る可能性が容易に想像でき、「自然生態系よりも里山生態系の生物に多数の絶滅危惧種が集中する」現在の知見を三〇年前に推測し得たはずであるが、彼は続けて「ただし、極相に達するまでの年月を考えてみれば、極相を保護する重要性に変わりはない」と結んでいる。

ここでひとまず念頭に置くべき重要な結果は、雑木林の生物多様度は自然林のそれと同程度以上、という部分である。それは単純には「調査の結果である」と言って構わないのだが、具体的にその理由を考えたい。その中身を見ていくことで分かってくるのは、自然林と雑木林では異なるタイプの生物が集まってきていて、生物多様度が同じだと言っても生態系自体は同じものでない点である。

そこで少し回り道になるが、こうした雑木林の構成要素、更には農業用水路などの水域の生物について少し立ち入って見ておこう。それによって今問題になっている生物たちがどういう性質を持つ生物たちなのか明確に

合歓（ネム）の葉と花

なってくる。彼らの性質が明らかになった後で、再び里山生態系の生物多様度の問題に戻って来ることにしよう。

里山生態系の構造

雑木林と一口に言っても人間の関わり方が違えば別の雑木林が成立する。あまりにも人間の管理が行き届いていて、コナラとクヌギ以外を「無用な植物」として幼木の内から刈り取っている場合には、雑木林の生物多様度は低下する。人間の管理がほどほどにしか行き届かないような雑木林にはマユミやエゴノキとかの幾分小振りな樹木も育ち、もっと小さなヤマツツジなども進入してくる。またコナラなどと同じくらいの高木層にも、ヤマザクラなどのサクラ類やアオハダとか、あるいは春先の新芽の鮮やかな赤色が印象的なアカメガシワとか、大きくて繊細な羽状複葉のネムノキ[注5 (p.56)]なども雑木林には入り込んでくる。どれも自然度の高い林の中では見かけない植物であるが、これらの植物が植生の多様度を高めて、雑木林に様々な生物を呼び込む。

サクラなどが雑木林に入り込む手順は、種子が果肉に覆われていて鳥類がそれを食べ、種子だけ未消化のまま排泄物としてあちこちに撒き散らされるからである。このような種子散布の方法を鳥散布と呼んでいて、ドングリよりも種子散布能力の高い、より進化した植物に多い繁殖戦略である。風散布も種子の運搬距離では優れるが、どうしても大きな種子は運べないので、発芽直後の根の定着段階で地表の落ち葉の層を突き抜くことが難しく、雑木林にもある程度は進入するにしても、それよりも草原に真っ先に進入する先兵というイメージが強い。

一般論として、耐陰性の弱い植物の方が種子散布能力は高い。なぜならば、そうした植物は小さな幼木の段階から太陽の光を必要としているので、種子が発芽する場所は、偶然発生した倒木の結果生まれた空間とか、火山噴火でできた草原とか、開けた場所で太陽の光が地表まで差し込んでいなければならない。親の枝のすぐ下に落下して発芽したのでは生存が見込めない。そのための種子散布能力である。

ツブラジイの発芽。安定した土壌を目指してまず長く根を伸ばす。

そこで雑木林を思い出してみると、定期的に伐採が繰り返される。そのため極相林には生存できないような耐陰性の弱い種々の落葉樹たちが進入してくる余地がある。その中でまず真っ先に想定される雑木林の侵入者は鳥散布や風散布の植物たちで、イメージとしてはヤマザクラ辺りを思い浮かべて貰うとよい。

このような鳥散布の樹木はまず鳥類を雑木林に呼び込むのは当然として、花も蜜によって昆虫を呼び、花粉媒介を昆虫に頼るものが多い。こうして人間にとって招かざる客である植物たちが多様な小動物に住処を提供する。これが雑木林の生物多様性の内実で、構成種には極相林と同じものも含まれるが、どちらか一方にしか生存できない生物も多い。生物多様度の指数としては大雑把に言えば自然林のそれと同程度以上であるとの結果であったが、そこに生息する生物は同じ顔ぶれではない。

クヌギの樹液にカブトムシやクワガタムシが集まるのはよく知られたことだが、クヌギが雑木林に多くて自然林に少ないことを知れば、カブトムシなどの昆虫も自然生態系よりも里山生態系の生物であるのではないか、と推測するかもしれない。この推測は大雑把には正しく、彼らの幼虫時代の生活環境も里山が提供している。

カブトムシの幼虫は腐葉土[注6 (p.56)]を必要とすることが知られているが、里山の農家は堆肥を生産するために集めた落ち葉を積んで腐らせる。カブトムシにとって必要な環境は、幼虫時代も成虫時代も里山の中に用意されている。クワガタムシの幼虫には落ち葉ではなく朽ち木が必要なので、カブトムシほどには好都合な条件が揃っているわけではないが、もし椎茸を栽培しようと考えてコナラやクヌギの枝を全て燃料にしないで残していたら、そこに彼らに好ましい環境が用意される。これらの昆虫たちは里山なしに絶滅するとまでは想定されていないが、里山環境の恩恵に与ってきた生物の一例に属し、どちらかの環境に分類しようとするならば、特にカブトムシは間違いなく里山の生物である。

クワガタムシについては複数種の総称であるから単純には言えないが、例えば趣味家の間で「佐賀産のオオクワガタ」と呼ばれる個体群は、大顎の形が特徴的で人気が高いのだが、生息地は筑後川沿いの平野部である。その地域は一面に農村地帯で昔は雑木林も多かったが、今では薪や落ち葉は利用されなくなり、不要な樹木が切り払われて田畑だけになったため、「佐賀産オオクワガタ」も野生で入手するのが難しくなっている。彼らも里山に居場所を得ていた生物ということになる。

それでは里山の水系はどうなっているのか考えよう。絶滅危惧種にメダカが挙げられた時には様々な議論を呼んだが、メダカは我が国で一番小さな淡水魚である。水の流れが速い場合には下流に押し流されてしまうので、流れのゆるい小川のような環境を必要としている。卵は水草に産み付けるので適度に水草が繁茂していることが必要である。自然の河川の中でこうした環境はごく限られるが、人間が農作業のために掘った水路の環境は、メダカの必要とする環境条件をちょうど良い具合に満たしていた。人間が必要とする水路も流れの緩やかな小川のように、ゆっくりと水が供給されるものが欲しかったので、人間はそのように緩やかな勾配を付けて水を供給する構造にしたのであるが、その結果、水路に繁殖する水草まで含めて、緩やかな流れを好む水生生物たちが集まってきた。

トノサマガエル

メダカの場合には田圃の水入れの時に水路から田圃に入り、刈り入れ前の排水時に水路へと戻っていく生活を繰り返していたのが、近年大きな水路からポンプで田に水を入れる方式に変わったのが影響した、と言われている。同じような例としてトノサマガエルも有名だが、田圃

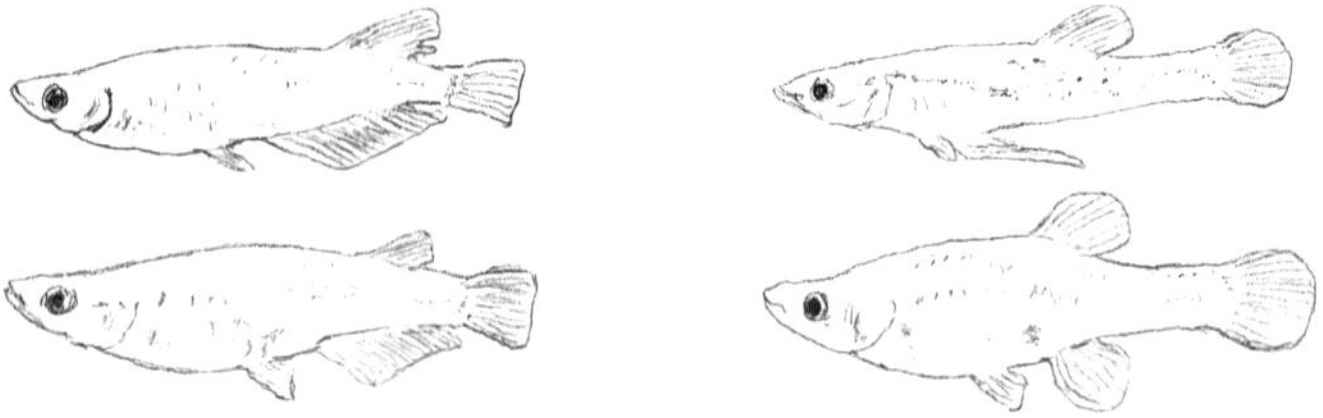

メダカ (左) とカダヤシ (右) の区別法、各々上段が雄。ヒレが区別点だが、メダカの性差は微少。

の水抜きが行われるようになって、オタマジャクシが干上がってしまった。こうした農作業のちょっとした変更が水生生物たちの盛衰に直結する。更に打撃が大きかったのは農薬の使用である。その結果本当に現段階で絶滅危惧種と言えるまで減少したのかについては異論も多いが、里山の水田環境が後退する中で、メダカが生息場所を狭めて数を減らしていることは間違いない。

ところでメダカについて考えるときに忘れてならない外来種がある。カダヤシというメダカ程度の大きさの外来淡水魚である。ボウフラを食べてくれるので世界中の用水路に人為的に導入されてきた。メダカもボウフラを食べるので、日本に関する限りはそれ程必要性は高くなかったかもしれないが、市街地で水路の水が油や洗剤で汚染された環境下では、カダヤシの方がメダカよりも汚染に耐えてボウフラ退治をしてくれる。それにメダカよりも肉食性が強いので効果的でもある。

このカダヤシの肉食性が、そして卵胎生という生殖方法が、メダカとの直接対決でメダカを打ち負かす要因になっている。メダカの減少の原因についてカダヤシの導入を重視する意見もあるが、冬期の低温や少し速い流れなどに対する適応性はメダカの方が勝っている。そして現実の屋外の水域を見た限りでは、両者が共存して住み分けている場面を見ることも多い。共存が可能である場合には、カダヤシの導入がむしろ生物多様性に資するような見方も可能になるため、メダカ衰退の原因を外来種に求める学説に対しては、筆者は今のところ賛成するだけの根拠を持たない。人為生態系である里山の荒廃の方に、主原因を求めた方がよいように思われる。

里山の水域の生物としてメダカに次いで有名なのはタガメだろうか。タガメは体長五センチを超える日本最大の水棲昆虫で、カメムシなどと同じ半翅目である。陸生のカメムシと比べても桁外れに大きなカメムシと言える。雄が卵を守る性質があるのだが、その卵を他の雌が破壊して雄を獲得しようとする行動が見つかり、ライオンと雌雄逆の立場になったような生態が話題になった。

メダカやもう少し大きな魚、あるいは魚以外の水生生物にとってもタガメは天敵で、強力な前脚で捕らえて体内に消化液を注入してから体液と一緒に溶けた肉汁を吸う。獰猛な性質から「水中のギャング」とも呼ばれるが、しかしこの昆虫は減少しているだけに止まらず本当に見かけない。そのためか絶滅の危険性があることに異論を聞くことは少ない。その点では、メダカよりも瀬戸際に追い込まれてきている。やはり農薬の使用や、護岸工事によって岸に上がれず溺れることなどが原因であると考えられている。間違いなく数が減っているので、タガメの方がメダカよりも里山の水域における絶滅危惧種の典型例としてふさわしいかもしれない。

水生の植物についてもひとつだけ触れておこう。ヒシモドキという絶滅危惧種が自生する場所を教えて貰って、その場所を訪ねてみたときのことであるが、目を疑うような光景に遭遇した。

ヒシモドキを見つけた水路の数メートル上流にビニルシートで作られた仮設の「堰」があって、その「堰」から少し下流の両岸にヒシモドキが散生しているのだが、更に一〇メートルほど下流に進むともうヒシモドキは見つからなくなって、普通のヒシだけになる。では逆に「堰」から上流に進むと、今度はヒシも見当たらない。堰にはゴミが引っかかって水面に湯垢のような白いひだができていて、そこから水がちょろちょろと落ちていた。何度か行き来してその近辺の様子を観察してみたが、どう考えてもあの見苦しいビニルシートの堰がヒシモドキの生存には必要なのである。

あれから三年近く経つが、今回改めてヒシモドキのあった場所を訪ねてみた。ビニルシートの堰はなくなり、一〇〇メートル余り上流にコンクリートの堰ができていたが、意外にもそれで姿を消したのはヒシモドキではなくヒシの方だった。ヒシモドキも幾分か生存範囲が狭まったが、複数個体からなる群落を維持していた。実はもう一本その場所には水の流入があって、岸辺に一軒だけある家屋からの廃水である。通常であれば民家の廃水は特別な水質ではないと思われるが、前回以上に丁寧に周辺のヒシモドキを調べて、やはりこの場所が際だってよく繁茂している。初夏には水底に根を定着していない幼いヒシモドキが辺り一帯の水面にゴミや他の水草に絡まった状態で漂うのだが、定着して育つ場所は限られる。ここよりも下流にヒシモドキが漂うのは見かけるが上流では見ないので、短期的な種子の供給元のひとつになっているものと推定される。

一応は家屋の住人に尋ねてみたものの、そもそも絶滅危惧種自体を知らない様子で、その価値が伝わらないだけでなく、逆に廃水について聞かれて不安を感じさせてしまった。これ以上の原因の追求は難しい。住人の協力なしに水質分析は難しく、また上流にできた堰の近くに移動して定着するか調べる実験は可能だが、すぐには結果を見ることができない。残念ながら確証を得ることはできないが、ここのヒシモドキが人間の強い影響の下で命を繋いでいることは間違いない。

ここから下流は田圃の中をゆっくり流れる水路で、上流は集合住宅や事務所、町工場、郊外型の大型店舗などで、そうした施設からの廃水も流れる。下流に進めばこれらの雑排水による水質悪化は浄化されるはずであるが、それはヒシモドキには望ましくない環境なのである。逆に農業廃水に含まれる肥料成分は、富栄養な水質の原因となってしばしば悪臭や水道水の水質劣化の原因となるが、富栄養は一般的にヒシモドキに有利な条件であるとされているので、それが原因で定着が妨げられるとは考えにくい。

周辺のヒシモドキを探してみて、彼らの好む環境を推測してみた。一〇〇メートルほど下流で合流する別の水路を上流に遡ると、もう少し大きな川から取水した直後の両岸だけにヒシモドキが定着していて、それより下流には定着しない。水流は速いがその両岸のやや淀んだ水面が彼らの居場所である。日照の悪い点が、最初の場所との相違点であるが、ここの水環境は堰の下流のものとよく似ている。そこで今度はその大きめの川を遡ると、五〇〇メートルほどでヒシモドキの大群落に辿り着くが、そこは二本の川の合流地点である。合計一二本もの排水管が並んでヒシモドキ群落に廃水を浴びせかけている。

これらの生息地はいずれも公共下水道の未整備地域であるが、整備済みの地域とモザイク状に入り

ヒシモドキ（左下）と排水管の下の群落

組んでいて、ヒシモドキが好んで根を下ろした場所は、異なる水質の水が混合する場所の中で悪い水質の水が流入した直後で、更に完全な止水ではなく少し流れのあるような水面である。この地域の下水道を完全に整備した後には、ヒシモドキが消えていく可能性も考えられる。

こうした周囲の分布状況から考えるに、やはりビニルシートの堰はそれなりに彼らの生存に役立っていたのかもしれない。それがなくなった後でヒシモドキの命脈を保ったのが、民家からの廃水の流入だった、と見るのがとりあえず妥当な線ではなかろうか。

自然保護の方向性、今の場合「川を自然なままに保ちましょう」という目標は、本当に正しいのだろうか。それどころか「川を綺麗に」という言葉さえもここのヒシモドキにとっては死刑宣告になる。「絶滅危惧種とはどういう生物なのか」認識に修正を迫ると共に、我々の自然保護活動に対して痛烈な皮肉を投げかけている。

見苦しい原因は「堰」の素材がビニルシートだったり、排水管が無愛想な円筒形の塩ビパイプだったりするからなのだが、そのような安っぽい素材であることはヒシモドキにとってあまり意味はないであろう。しかし人間がこの場所に水管理のための妙な構造物をあれこれと作って水質にも影響を与えていなければ、彼らがこの場所に生存できたとは考えにくい。人間の営みに間借りするようにヒシモドキは生きていた。

実は希少な生物を探しに出かけると、ヒシモドキのように人間の生活に密着したような環境に見つかることが少なくない。国内では対馬だけに産する大陸系のシリアゲフキバッタを、直翅類学会のメンバーの手伝いで一緒に探したことがある。フキバッタの環境は通常であれば、林内のギャップなどの木漏れ日の届くような下草で、山奥の冷涼な場所をイメージする。車で移動しながらそういう場所を見つけては停車して探すのだが、セトウチフキバッタばかりだった。結局シリアゲフキバッタを見つけたのは、耕作放棄されて雑草の丈が伸びてきた状態の急斜面の段々畑である。人里近くで木陰のないような、それも荒れてしまった段々畑が生息地だとは想定外も甚だしい。フキバッタらしくない環境であるだけに止まらず、この場所の植生は不安定で、人間の営みの移ろいに応じて数年単位で環境が変わってしまうはずである。

さてここまで雑木林に加えて水域の生態系について考えてきたが、その結果分かったことをまとめてみると、里山に生息する生物たちの多くが、自然生態系では居場所のない立場であるために、里山の荒廃に伴って里山生態系の構造が崩壊し、多くの生物が絶滅危惧種としてリストに上がる状況になっている。雑木林の環境条件は、定期的な伐採によって地表に太陽の光が差し込むことに特徴があり、それでなければ定着できない植物とその植物に依存した小動物を育んできた。一方農業用の小さな水路は、流れが緩やかなことでその環境を必要とする生物の住処になった。その環境が失われると共に里山の生物の多くが急激に数を減らしている。

なぜ里山生態系の生物に絶滅危惧種が多く、自然生態系と比べて脆弱な基盤しか持たないのか[注7 (p.57)]、その答えは里山生態系が人間の持続的関与なくしては維持されない構造を持っていて、最近急激に人間の関与が途絶えたからである。そのとき里山に生息する生物たちの多くにとっては、他に逃げる場所がなかったために数を減らしている。

里山全体の生物多様度

ではこうした里山生態系の生物多様度の大きさは、里山環境全体としてどうなるのか考えてみよう。とりあえず雑木林の生物多様度を、自然林の生物多様度と同じであると仮定する。その根拠は既に述べたように、不十分ながらも今明らかになっている情報が、控えめに見ても同程度であることを示唆しているからである。この雑木林の生物多様度に既に見てきた里山の複雑な構造を加味していくと、里山全体の生物多様度は自然生態系の生物多様度を凌駕するであろうことが見えてくる。現実には今の研究段階では、そのような大規模で複合的な環境構造を対象にして生物多様性を評価するのに、十分なノウハウもなければ人的資源も足りない状態なのだが、その結果は比較的簡単に推論できる。

自然林に追加すべき隣接環境は何か。谷とか尾根とか自然にできる起伏によって成立する植生、それに場所によっては地質要因で成立する植生があるかもしれない。一方の里山では、雑木林に隣接する環境として、草地、溜池、畑、水田、更に細かく言えば、石垣や土手や畦道や、もっと広い農道や、実に多くの異なる環境が人々の農作業のために作られる。しかもそれらは自然植生のものよりも細かいモザイク状分布になるため、異なる環境の接する境界部分の増加度合は更に大きい。こうした環境の多様性が更に多くの生物を雑木林とその周囲に呼び込むであろうことを考えれば、里山生態系が自然生態系の生物多様度を上回るのはほとんど自明の結果である。

広域的な生物多様度では里山生態系の方が豊かである、というのが論理的な結論であるが、その原因は人間の大地に対する造作に起因していて、人間の造った農作業のための仕掛けが里山環境の物理的構造の複雑さを高めて、自然環境のものよりも物理的多様度を大きくしているからである。その大きな物理的環境の多様性を基盤として、その上に多様な生物が入り込み、その生物がまた他の生物の生息環境を提供する。これが里山生態系の生物多様性を支える構造になっている。

生物を分類群毎に分けて考えた場合には、自然生態系に比べて里山生態系が貧弱な生物群がひとつだけある。それは里山に大型哺乳類が欠落する点である。実は厳密には欠落しているのではなく、家畜と人間自体がそれに相当するために、野生の大型哺乳類は人間の都合で排除される。大型の草食哺乳類としては、農作業を助ける役割を持つ牛や馬、だからそれ以外の動物は少ない方がよい。もちろん雑木林には鹿や猪も頻繁に訪れるから、不完全にしか排除できないのだが、田畑にまで侵入することは人間が許さない。一方、大型肉食哺乳類は牛や馬の天敵であるから念入りに排除される。しかしよく考えてみれば人間が牛や馬の命を奪うこともするのだから、狼と人間の競合関係が鹿と牛の競合関係に対応する。生物の生態学的地位のことをニッチと言うが、ニッチを特定の生物に占有させる人間側の都合が、野生の大型哺乳類を閉め出す。

畦道に降り立ったダイサギ（左）とアオサギ（右）

大型哺乳類以外の生物に関しても、一応は人間は特定生物にニッチを占有させようとするのであるが、全く手が回らない。雑木林にコナラやクヌギ以外の樹木は必要ないとしても、それを本当に排除できるのはごく狭い範囲にすぎない。田園に棲む大型の鳥類と言えばサギだろう。彼らは人間に役立つとは言い難く、害虫も補食してくれるが益虫や養魚池の魚も捕るし、水田でも田植え後のイネを踏み倒す損害の方が問題視される。しかし害の大きさと駆除の手間のバランスで田圃への侵入が許されてきた。サギは人間の営みに寄生する格好の「里山の鳥」である。猛禽類も里山から排除されないし、確かに鶏は飼育されるとしても、それで他の鳥類を閉め出す構造はない。

ニッチの占有が大型哺乳類だけに止まるのであれば、生物多様度への影響は限定的である。鳥類や哺乳類は映像に映えるし、関心の低い多くの人々に訴えるのに好都合であるから、マスコミが生物の危機を取り上げる時には必ずと言っていいほど主役の座を占めているのだが、もともと種数が非常に少ないため、生物多様度を算定する場合には非常に小さな寄与にすぎない。

数理生態学の二種間競争モデルを筆者なりに分析してみて、こうした大型動物の種数の少なさは彼らの行動様式から説明できると考えている。つまり我々人間が行うような行動である。競争関係にある二種の生物が互いに競争相手を積極的に排除するような行動をとるものと仮定すると、元来は餌や住処などの微妙なニッチの違いで共存できるはずの二種の生物が共存できなくなってしまう。例えばカラスが敵となる猛禽類を集団で攻撃したりするのが観察されているが、こうして競争相手を排除するような高度な思考力を持つのは大型動物に限られる。もともと大型動物は一個体の占有空間が大きく、殊更に鳥類は行動範囲が広く、昆虫などとは違って植物の葉の裏と表の違いなどという微環境で棲み分けることができないので、用意されているニッチも少ない。それに加えて行動様式も排他的で共存しにくい。排他的行動の結果、哺乳類よりも大きな樹木と比べても、哺乳類は種数が少なくなったと解釈することが可能である。

大型動物の特殊事情を考慮して、同じ一種でも重みを重く見る考え方はあり得るものと思われるが、それを考慮したとしても依然として大型動物が生物多様度に寄与する度合は小さい。無理に同じ寄与にするまでの重み付けを行うと、最も生物多様度の高い場所として動物園のような場所をイメージすることになり、生態学の実感とかけ離れたものになってしまう。そこで全体の趨勢を決めるのは、最も種数の多い昆虫類、次に多い植物相である。彼らの生物多様度を重要視するのが妥当である。里山生態系において生物多様度が減じる方向の要素は大型哺乳類に限られて、他の生物群が総じて増えるのだとすると、里山の生物多様度は自然生態系を上回る結果に繋がる。

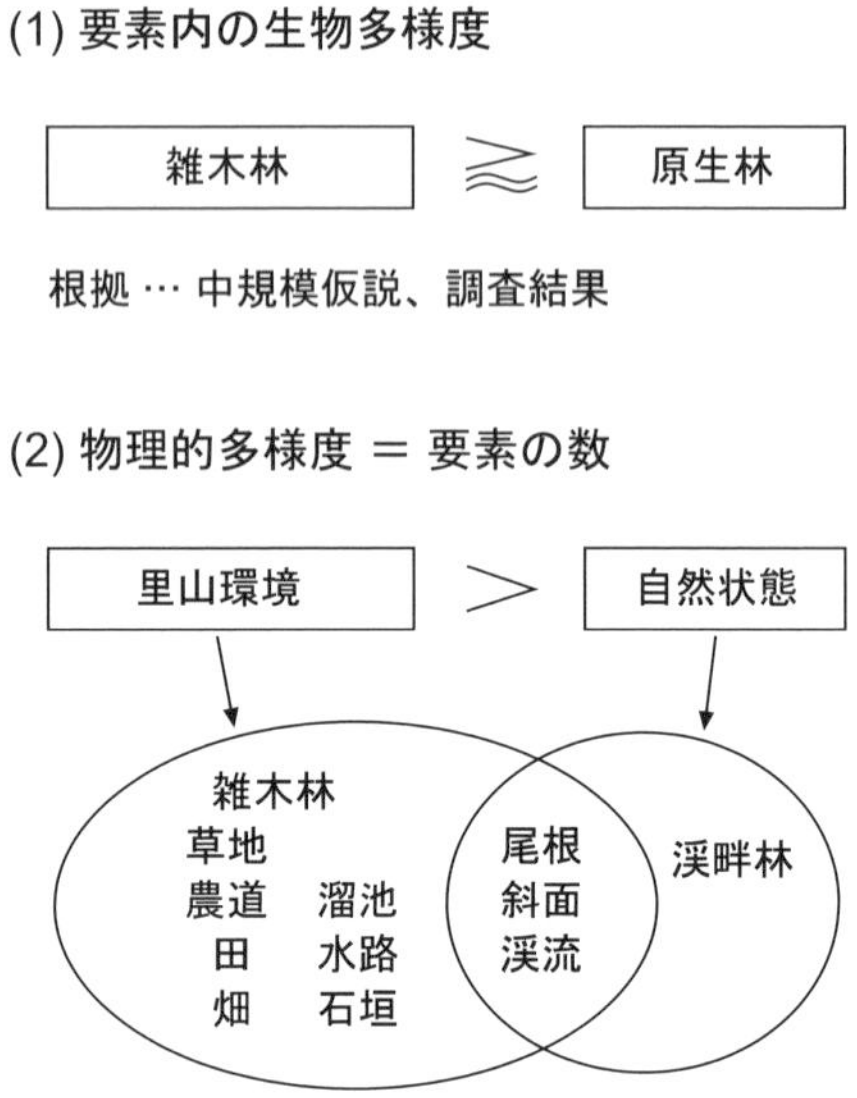

さて、これで生物多様度に関する議論が完結したので、ここまでの論理を整理すると上図のように二段階の構造で結論を導いている。まず前節までに里山環境を構成する要素のひとつである雑木林について、あるいは農業用水などを導く水路について、その環境の生物多様度が人為作用を受けない時と比べて、同程度かむしろそれより大きいことを論じた。これが図の(1)に相当する。

次に本節で議論したのが図の(2)の部分で、里山全体の構成要素が自然の状態と比べて多様である点を指摘した。図中の例では山に囲まれた谷間の集落をイメージしている。もしそこに集落がなければ、基本的な物理構造は地形だけで決まり、尾根から斜面へ、そして谷を流れる渓流とその両岸の渓畔林、という具合になるはずである。そこに人間がやってきて生活を営むことで、段々畑と石垣が築かれ、比較的平坦な場所は田圃として整備され、水路が巡らされてその上流には溜池が造られることで止水域が出現して、斜面には雑木林や草地が維持される。仮に最も谷に近い渓畔林が完全に失われたとしても、新たに出現した要素の方が多い。

その新たな要素が元からあったものとほとんど同じ中身の生態系を招来するのでない限りは、里山生態系の方が全体として高い生物多様度を持つことになるが、人間がやってくる以前の自然状態では草地は存在しないし、雑木林のような夏緑樹林もなく、水系でも止水域を欠くこと、こうして吟味していくと、これらの環境は元の森林と渓流だけのものとは質的に異なることに気づく。これらの新しい環境が育む生物たちが、里山の人為環境以前から生息可能だったとは到底考えられない。

これまでの生態学はむしろもうひとつの可能性を考えていた。つまり、雑木林と自然林のような要素の比較で、後者の方が生物多様度が大きければ結論が変わる。極相で生物多様度が最大となる場合である。ところが既に述べたように、控えめに見て人工林である雑木林の方が生物多様度が高いとの結論だった。この点の検証は確かにまだ不十分ではあるが、中規模仮説による理論的裏付けもあることを考えると、今後これが逆転する可能性はほとんどないと見て良いだろう。確率論的な期待値として結論を述べるならば、「大差で里山生態系の方が生物多様度に優れる」と言える。

残念ながら現在でも「人間の関与が大きいほど生物の多様性が損なわれる」という意見が生態学の主流なのだが、他ならぬ生態学者による調査結果が、そして論理的帰結までもがそれを支持していない。

にも関わらず容易にこれまでの認識が改まらないのは、「里山は例外である」と見るためである。「例外的に生物の豊かな人為生態系である里山も、保護しなければならない」と。この点に関して言及するのは、実は非常に気疲れする部分である。なぜ生態学者は保守的な立場をとる傾向が強いのか、その理由は科学者の一人である筆者にもある程度理解できるからである。理由は科学的根拠と社会的影響の両方にある。最終的には「人間の影響が生態系にプラスのこともある」のが真実だろうと、仮に内心では思っていたとしても、それを示すデータはつい最近出始めている段階で、未だ全貌が明らかになっていない。その段階で立場を翻すのは科学者として危険な行為である。更に世間にそれが発信されたときには、不正確に理解されて「現在の過剰な自然破壊まで含めて、人間の行為全てが正当化される」と曲解される危険がある。実際に熱心な活動家が、例えば「環境保全」と「動物愛護」の区別をできないままに活動に勢力を注いで、一番生態系を破壊していたりする。そうした実例を繰り返し目にすれば、生態学者たちが世間の人々を信用しなくなるのも無理からぬことだろう。人々の無理解を嘆く学会の中に身を置いて、自分一人が学会の空気と異なる立場で社会に発言するのはかなりハードルが高い。それ故、新しい立場で発言する人は生粋の生態学者ではなく、筆者のような生態学の愛好者で、科学者としての自分の立場を心配しなくて済む人間に多い。これはある意味必然的で避けがたい理由があってのことなのだ、と筆者は捉えている。

ここまでの状況分析を下敷きにして更に生態学者の立場から見ると、この分析に対してもまた不満を述べるに十分な動機があるものと予想されるのであるが、社会全体で見れば必ずしも多数派とは言えない彼らに同意するためには、もはや専門家であることの権威に盲従して、思考を停止する以外には術がない状況に筆者はある。この辺の微妙な状況を含んだ上で、事実だけ繰り返せば、多くの職業的生態学者は里山生態系を例外と見なす立場を維持している。あるいは更に多くの生態学者はその点については立場を留保して、価値判断から距離を置くようにしているように見える。立場を保留する人間は発言しないから、結局生態学者から聞こえる声は、その平均値として「人間の存在は自然環境に弊害でしかない」となる。

従って、筆者の立場が彼らの立場から外れる核心部分は「里山を例外と見なさず、断片的に明らかになりつつある事実に即して、理論の方を再検討する」点なのである。その結果、「人間の関与は生物を増やすことも減らすこともある」と捉え直す。

今は里山に特別の注意を払って見ているのであるが、更に目を転ずれば、例えばスズメは里山の時代から現在まで継続して人間の営みに依存して生きていて、人間が立ち去った自然の野山からは姿を消す。多くの人が嫌うクロゴキブリも同じように現在まで変わらず人間の生活に寄り添って生きているが、ゴキブリ全体を見渡すと屋外で生活する種類の方が多い。里山の生物で現在の都市環境でも適応しているものは少数である。新たに生存可能になった生物も存在するが、それは基本的に外来生物で数も少ない。そのような事情で現代人の活動が支える生態系は貧弱である。貧弱だが「それに依存する生物も存在する」のも事実である。

貧弱であることがその生態系の生物を絶滅して構わないと見なすのでなければ、現在の都市空間でさえも生態系を理由とした保全対象になり得る。逆に生物多様性が最大になる生態系だけを残すのであれば、里山生態系がそれであり、自然生態系は排除しなければならない。両者の中間に位置する自然生態系までを保護対象として都市の生態系は消滅するも良しとするのが普通だが、このラインに線引きする理由は本当はないはずである。「自然を無批判に称揚する」のを慎むならば、線引きの根拠を示すのは難しい。

ここで「外来生物」と聞いて否定的含意を感じるかもしれないが、それに関しては少し待って欲しい。なぜならば外来生物を否定的に見る発想が、本書で批判しているものそれ自体だからである。その発想の背後には「その外来生物は元々の生息地で生きていくべきだ」との考えがあるはずだが、そこには「無条件に自然状態に価値を認める」種類の思考停止が隠れている。外来生物はここでの主たるテーマではないが、筆者の立場ではその生物を排除するだけの十分な理由にはならない。

こうして見ると「人間の関与は常に生物の絶滅を招く」との見解に対する反例は、里山に限ったものではないのであるが、里山の注目すべき特質は、それに依存する生物が特に多く、大規模な生態系を内包していたために、全体の生物多様性の大きさで見ても自然生態系を凌駕し得た点にある。それを受けて里山生態系を保護したいと我々は考えた。更に当然のことながら、生物多様性が同程度以上と判定されたとしても、構成種は同じではないため、極相林がなくなれば消える運命にある生物種も多い。結局「里山も原自然も両方とも残したい」のである。

しかしながら既に述べたように、自然生態系は残し得たとしても、里山を残すのは絶望的に困難である。その具体的な労力も述べて「保護するのは無謀な企てである」とも主張したが、次章では再び「里山が人為生態系である」ことの意味を掘り下げて、それが如何にして困難に結びつくのか、労力とか保護計画などと言った具体的な事柄ではなく、もっと抽象的な本質に関わる部分を見ていこう。

★注

▼1　（8頁）　ミズナラはコナラとごく近縁な植物である。コナラとの雑種も頻繁にできるらしく、中間的な特徴を見せて同定ができないこともしばしばである。コナラの葉の優しげな姿とミズナラの葉の荒々しさは好対照なのだが、同定の基準とすべきポイントは限られていて、葉身の基部が耳たぶ状になっているのがミズナラということになっている。これが一番確実な区別点なのだが、現実に実物を観察し始めると、同じ一本の木の葉で両方のタイプの葉が混在していたりする。

こうしてごく近い二種類の樹木だが、ミズナラは原植生の中で代表的な樹種なのに対して、コナラは雑木林を代表する。この立場の違いは面白い。

▼2　（9頁）　草原が森林に遷移していく段階で、最初に草原に入り込む樹木を「先駆樹種」という。日光を受け取る点では比較的競争が少ないので耐陰性は必要がないが、その条件を最大限に利用してライバルより速く成長すると同時に、遠くから種子を草原まで運ぶための散布能力が高い特徴がある。

▼3　（16頁）　土の中への産卵が主流のコオロギ類とは異なって、キリギリス類で土の中に産卵するものは限られている。その限られた中にキリギリスそのものやクツワムシなどがあり、全般に大柄な傾向があるのは土に太めの産卵管を挿入するときに体重を使っているのかもしれない。標高が高くなるとキリギリス類も種類が減って、阿蘇でも外輪山辺りまで登るとほぼヤブキリだけになる。草に産卵するタイプのキリギリス類がいれば、まだ他にもこの標高に棲むものは少なくないが、それがほとんどいない。

ヤブキリは形態と鳴き声が違う多くのタイプに分かれていて、しかも形態と鳴き声は対応しないので、「ヤブキリ複合種」などと呼ばれて分類上の厄介者になっている。阿蘇のヤブキリも厳密にはただのヤブキリではなく平地のものとも違う様子だったが、最近出版の全種掲載図鑑[38]でも暫定的な分類が掲載されている状態で、そのどれに当てはめてよいのか本腰入れた同定はしていない。

▼4　（31頁）　今は生物種が決まる前提で話を進めているが、本当のところは実に怪しい前提である。例えばミズナラとコナラの微妙な違いに関して、両者が本当に別種なのか否か、亜種程度の違いではないか、という疑念を完全に打ち消すことは不可能と言ってよい。こうした近似種の組み合わせは、スダジイとツブラジイ、ブナとイヌブナ、と至る所に転がっていて「専

門家が決断するしかない」状態が続いている。前記注の「ヤブキリ複合種」などはその専門家も悲鳴を上げている例で、こうした近似種が「種とは何なのか」という問いを我々に投げかけている。その結果「地球上の生物種数は約三千万とも推定される」などという時にも、実はその背後に種の不確かさの問題がある。

種が確定できないのは生物進化論を念頭に置けば何も驚くに当たらないのであるが、本書のような議論を進めるには困った問題である。それによって種保存の対象生物も変化してくるし、「日本固有種」であったものが固有種でなくなったりする。生物多様性を測る指標にも生物種数が最も基本的な変数として利用される。そこに問題があるのを承知の上で、これからはその先へと議論を踏み進めていくつもりである。生物の世界を把握するための我々の認識方法が、現実に追いついて行っていないことは、頭のどこかに止めておいて「常に少し慎重に考える」必要がある。

▼5（36頁）　複葉とは一枚の葉が複数の小葉から成っている葉で、素人は通常小葉を一枚の葉だと勘違いしている。中でも羽状複葉は、一本の葉軸の両側に小葉が並ぶタイプの複葉である。ネムノキの小葉は細かくて、繊細なイメージを与えるが、葉軸の両側に更に羽状複葉を付けたような「二回羽状複葉」という構造をしていて、一枚の葉は非常の多くの小葉を持つ巨大なものになる。

ネムノキの種子は鳥散布ではない。他のマメ科植物同様に鞘に収まったマメができる。ところがその鞘がマメ自体の大きさに対して不必要に大きい。実は不必要なのではなく、それによってマメは鞘ごと風で飛ばされやすくなる。枝の上で鞘は成熟して枝からの栄養の供給が止まるが、そのまま枝先に止まって乾燥してしまった後で、軽くなった鞘は中の小さなマメを携えて風に乗って遠くに落ちようとする。春に鞘が腐った頃にマメが発芽して根を下ろす。

▼6（38頁）　この場合の「腐葉土」とは、園芸用土の腐葉土とは違って一応別物と言っておいた方がよいだろう。見た目や感触は同じようなものだが、うっかり園芸用の腐葉土をカブトムシの幼虫の飼育に使うと、害虫を殺すための薬剤が入っていてカブトムシの幼虫も死んでしまう。実際カブトムシの幼虫は農家にとっては害虫である。

クワガタムシの幼虫が朽ち木を食べることは古くから知られていたが、最近になって朽ち木そのものよりも、それを分解するキノコ類の菌糸の方が彼らの栄養源として意味を持っていることが分かってきた。その結果飼育方法が確立して、各種クワガタムシの大型個体養成が盛んになっている。

そのような状況下でクワガタムシなどの甲虫類の種保存について興味深い議論がある。外国産の珍しい甲虫類が多数輸入されるようになってきているが、それを受けて今は種保存の観点からそれを禁止しようとする方向にある。外来生物が国内の生態系を攪乱することを恐れる場合には、輸入だけでなく飼育の禁止まで対策を強化する。ところがこうした対策に意義を唱えて池田清彦[39]はこう述べている。「外国産のクワガタムシやカブトムシの日本でのブリーディングは、日本の昆虫層を乱すおそれというデメリットよりも種の保存というメリットの方が大きいと思う。」つまり原産地で環境破壊が進んで絶滅しかけている中で、日本の飼育個体群が種保存の砦になるかもしれない、との観点から、特にテナガコガネ類の特定外来生物指定を念頭に、日本での飼育を禁止して国内在来種に偏重した保護政策を採る環境省を批判している。

▼7　(46頁)　生態系の脆弱さ

(1)　**水域**　実感として日本の生態系は陸域よりも水域の方が脆弱な印象がある。それがどうしてなのか筆者自身納得するまでに至っていない。是非知りたいと思うのは、その原因が水域の生態系の持つ本来的な脆さなのか、護岸工事で岸を真っ平らにしてしまった人間の仕業なのか、どちらの要因が大きいのか。それが知りたいのは、それによって対策が異なってくるからである。

現在は外来生物問題が派手に取り上げられていて、特に水域で外来生物の一人勝ち状態が目立つ。だから水域の外来生物を駆除する、ということで正しいのかどうか。実は護岸工事の方に主因があって、外来生物を駆除しても別の在来種が一人勝ちするのかもしれない。この辺がどうも判然としない。この点を専門家に聞いても推測に基づく返答が返ってくるだけで、納得できるだけのデータを示して貰ったためしがない。どうやらこれに答えるような実験を実行すること自体が不可能なのではないか、という印象を抱いている。

悪名高い外来生物のブラックバスやブルーギルの侵入に対して、在来種の生態系がよく抵抗できていない様子は、陸域でのセイタカアワダチソウの侵入などと比べて、脆弱すぎるような印象を持っているが、そうした問題意識そのものが筆者独自のもので、生物学の専門家の共通認識とはなっていない様子である。

水域生態系が陸域よりも脆弱なのだとするなら、その原因を生態系自体に求めるのか、人間による水域環境の改変に求めるのか。後者の影響の大きさは間違いないと思うのだが、もともと水域は空間的広がりが小さな単位に区分けされている上に、その中で生物にとっては移動が容易な環境にある。それらが原因で例えば溜池なら溜池ひとつが、全面的に均質の生態系に置き換わり易かったとしても不思議ではない。差し当たってこうした説明が有効なのは、地球の空間的広さでは海域の方が広いにも関わらず、地球全体の生物種数が陸域の方に偏っていることの原因を説明する場面である。結局この疑問に決着を付けるには、事実を丹念に調べ上げて答えを見つけ出す以外になさそうである。

(2) **里山**　生態系の脆弱さを考える上で見過ごすことのできない問題のひとつは、もともと里山生態系の方が自然生態系よりも環境の変動から影響を受けやすく脆弱だと言われている点である。これは人間の作用が不安定で恒常性に欠けることや、里山生態系の成立が自然生態系よりも新しく、生態系としての熟成期間が短いこと、更には自然生態系に入っていくことのできなかったかつての帰化生物の集団で里山生態系が構成されていること、などに原因がありそうだ。その理由は大体のところ理解できたものと考えているので、差し当たって個人的には更に深く知る必要に迫られる状態ではない。

第二章　発想の転換

ここからは本書なりの方法で、新しい価値判断基準を構成していこうと思う。前章までで、これまでの価値判断基準が最新の生態学的知見とそぐわなくなっていることを指摘したが、それならばそれに代わる新しい価値判断基準の提案が求められよう。そこで本章からは、今まで以上に積極的に科学の持つ客観性から離れて、著者独自の価値観を表明していきたいと思う。

本章では畳み掛けるように幾つかの発想の転換を提案する。その後からは旧来の発想が成り立たないとの前提で話が進められるようになるので、ここで展開される議論の帰結をしっかり頭に入れて欲しい。

一　里山保護活動の思想的矛盾

「私達が私達の行動を保護する」

現在我々の社会は里山生態系の危機的状況に気づいて、里山を保護しようと考えている。そして今まで自然生態系の保護に取り組んできたことをそのまま里山に適用して、保護の対象の中に里山を追加しようとしている。ところがその結果現在我々が抱え込んでいる困難は、絶望的なほどのものである。

この絶望的困難については既に具体的に検討してきたのであるが、なぜ里山の保全にはこれ程までの困難を伴うのか、困難の発生源はとりあえず「里山が人為生態系であること」でよいのだが、それがどうやって著しい困難へと結びつくのかを見極めるために、その構造を調べていくと、「里山が人為生態系であること」がもたらす保全活動への障害は相当に根の深いもので、保全を考えるときの我々の思想的な枠組みにまで支障を来している。既に述べた労働負担の大きさはもちろん大問題なのであるが、ここではもっと別の角度から事柄の本質に立ち入った議論を行い、「里山を保護する」ことは原理的に不可能であることを論じておきたい。

　議論に先立って言及しておく必要があるのは、本節ではしばらくの間「保全」と「保護」の言葉を意識的に区別しておかねばならない。環境保護を対象にした議論の中では、しばしば「保護」と「保全」を明確に定義している場合があるが、その場合には「保全」の方が人間の関与による環境維持である。

　本書も大体そういう意味で区別しようと思うが、実は「保全」に対するもっと明確な対立概念として「保存」の語が使われる[40]。自然保護を表す言葉の使い分けの中で、「保存[注1(p.87)]」の語は、日常使われない専門用語の部類に属するかもしれないが、「保存」が自然の主体的権利を認める方向であるのに対して、「保全」は人間の目的のために自然を維持する。更に必要に応じて「保存」を二つに分けることも行われる。あるいは別の言い方をすると「保護」と「保存」を区別して、何かの脅威に対する「防衛的保護」と、手を付けずにそのまま残す「保存」に分けて考えることで、「防衛的保護」から「保存」へ変化してきた自然保護運動の歴史を見ることも行われる[41]。

　しかし今の場合には自然の権利思想の路線からも外れていこうと考えているので、比較的定義の曖味な「保護」を「保全」と区別する言葉に用いることにしよう。本書の「保護」とは、自立的に自己を維持しようとする対象について、外からの妨害を人間が取り除いて本来の姿で維持されるのを助けることである。その結果自然が放置されて、自然本来の姿に維持されるとき、「保護」の目的が達せられる。それに対して「保全」は人間の側の都合に基づいて対象を特定の状態に止め置くことである。

江戸時代の「里山」は、自然が放置された結果ではないので、「保護」ではなく「保全」されていたことになる。その「里山」について、生物多様性が高いことに気づいた我々は、今度は「保護」しようと考えているわけである。

里山の安定期であった江戸時代には、人々は生活のための必要に迫られて里山を維持していたのであって、里山が豊かな生物を育むから維持したのではない。「里山は近世という時代の人間社会に構造化」されていたし、その前の中世にも人間社会の構造が里山を必要としていた。里山が人間社会における役割を終えたのは、大雑把には近世が終わったときで、それ以来徐々にではあるが里山は放置されるようになってきている。これを保護するとは「人間社会に構造化されていたものを保護する」ことを意味するが、そこのところにやっかいな問題が潜んでいる。

元来保護を考える場合には、保護を実行する者と保護を受ける者は他者でなければならない。ところが里山の場合、里山自体の中に人間の活動が組み込まれていて、人間がかつての江戸時代のような方法で農業生産に従事することが保護の対象に含まれてしまう。保護を実行するのは間違いなく我々人間であるから、「人間である私達が私達自身の行動を保護する」ことを、里山の保護活動は含蓄している。「私達が私達自身の行動を保護する」とは果たして何を意味するのか。

実は無理な方法なのだが、保護する行為者と保護を受ける対象者を分ける手っ取り早い方法がある。その方法に誘惑されそうになるので言及しておこう。つまり、保護の対象者は全国の農家とその農業従事者、更に広い意味では消費者まで含めた日本人全体の行動であるとして、保護の政策を実施するのが日本政府である、とするならば、一応は保護の対象者と行為者が分離され、政府の施策の結果として私達の行動が里山を保護するように誘導されることを意味するようになる。

しかしその場合、我々は保護活動に参加することができない。政府関係者以外は保護の行為者から閉め出されているからである。それに寂しさを感じるのは環境保護活動に熱心な人だけではないだろう。里山を保護するか否かを考えて決断する主体からも私達は閉め出されてしまい、政府の用意した政策に身を委ねるだけの立場に追いやられる。

そこで今度は保護の対象は農業従事者だけに限定して、都市住民は日本政府と共に保護の行為者にしておこう。そうすれば都市住民は保護活動に参加できるので、読者の多数は安心するかもしれないが、それは都市に生活する人だけの話で、少数派の農業従事者にとっては相変わらず保護活動の外に置かれてしまう。

更によく考えてみると、人間を政府関係者とそれ以外に区分けすることには無理がある。その区別を導入した目的は本来、行為者と行為の対象者を分ける以上のものではなく、その時点でかなり無理な印象を抱くのであるが、その印象は実際にも正しい直観なのである。本来から言えば政府の政策であっても我々国民の意思の反映でなければならないし、実際にそのような社会システムを我々は採用している。それを見失って、我々と別個に判断の主体が政府にある、と思いこんだがために迷い込んだ落とし穴に他ならない。本当はこのようにして人間を二つに分けることはできない。

そこで改めて「私達が私達の行動を保護する」ことが、里山の保全活動の思想的内容として避けられないものだとするならば、実際に取り組まれている活動はどのように捉え得るのか。

自作自演の皮肉な倒錯

里山の保護活動は具体的には何をしてよいのか、向かうべき方向性が定まらなくて当然だったのである。先に具体的な雑木林の保全を例に挙げて議論したのは、仮に雑木林を代表する樹木としてコナラを植えたとしても、その後どのような管理をするのか、管理方法で様々な植生が実現される可能性があるが、その中の一体どの植生を目指してよいのか方針が決まらない、といった話だった。

雑木林のコナラは具体的な話だったのであるが、このような具体例に対してひとまず「かつてこの場所にあった雑木林のようになれば良い」と答えることは可能であるが、もちろん実際には雑木林は地域の住民が時代と共にその場所への関わり方を変化させていき、それを反映して中身が少しずつ変わっていくものだった。「かつての雑木林のように」では生態系の中身を指定することにはならないのである。かつての雑木林がそれぞれの地域と時代でそれぞれの姿に決まった要因は、間違いなく当時その地域で暮らした人々の行動である。それがひとつに定まらないで、多くのバリエーションを含むことを反映して、向かうべき里山生態系にも多くのバリエーションを生じている。

こうした困難の源を突き詰めていくと、人間の行為に無数のバリエーションが存在することに端を発している。無数のバリエーションの中には生態学的価値が同等なものも多い。例えば隣り合う二つの土地について、一方を雑木林に他方を草地にするのとその逆は、二つの土地が地質などの条件をほぼ等しくする条件では全く同等の価値を持つ。そうしたバリエーションの存在を踏まえた上で、現実に実行可能な保護政策を打ち出すためには、意識的にどれかを選択して指定する必要がある。「どこそこの雑木林では、これこれの管理をウン十年間続け、その間隣の溜池では……、それが終わった後は雑木林の部分の内の西側半分を柴刈り場に転用して、……」というように指示してやれば良いのだが、これは保護ではなく「造園」に類する開発である。ここではもはや「どういう生態系を選ぶのか」我々自身の意志決定が、「保護対象が何であるか」を規定してしまう。

こうして里山の保護は、具体的に保護計画を作り上げ、いよいよ実行に移す準備が整ったと思った瞬間に、里山それ自体が保護対象の範疇からスルリと抜け出て、我々人間の行動の選択それ自体へと置き換わってしまう。このとき「里山である」と我々が思っている生態系の内容は、我々自身の行動の帰結そのものであり、それを意図して作り上げたという意味において、まさに我々の手によって建設され維持管理される「人工物」がその場所に存在しているにすぎない。

里山を保護しようと考えた当初は、その場所に保護するに値する何かが存在し、それが消滅の危機にあるから保護しようと考えたはずだった。ところが具体的に保護を実行してみたら、保護の対象が目の前から消え去り、意識的に保護の対象を作り出すことを余儀なくされる。これではまるでお目出度い自作自演の活動に自己満足しているようなものである。それを保護と言い続けるのは欺瞞に等しい。どうやら我々は奇妙な倒錯に陥ってしまったようである。

この思考プロセスの中では、里山は途中から我々人間の内側の世界に取り込まれて、いつの間にか保護の対象と呼ぶにふさわしい地位から姿を消してしまっている。これは里山の本来的性質から発生していて、「里山を保護する」視点を止めない限りこの倒錯から逃れることはできない。ならば里山を保護しようとすることはきっぱり諦めて、別の道を考えよう。

そのひとつとして可能なのは、保護ではない保全のひとつの形態として、里山生態系が維持されるように我々の行動を律することを決断することである。つまり保護すべき何かを里山に見ようとするのは止めて、「人工物」でも構わないから積極的にそれを作り上げましょう、というのである。

こうした「人工物」と見る見方は、里山生態系の生物の出自について考えることで更に一層強化される。彼らの出自は必ずしもまだすっきりと理解できない部分が残るので、最後に「補足」として今後解明しなければならない問題点を明らかにしようと思うが、守山弘[42]は、陸域の生物、特に雑木林の生物たちについては、本来であれば最終氷期が終わった一万年ほど前に生存基盤を失っていて、今頃はほぼ完全に絶滅しているべき生物だったのを、人間が延命させてきたものと見ている。具体的には次のような学説である。落葉広葉樹を主体とする植生とそれに依存する動物たち、こうした雑木林の生物たちは氷河期の日本の気候に適応していた。その後の温暖化の中で常緑広葉樹林の北方への進出が進み、徐々に彼らの生息地は失われるはずだったのだが、その時期に縄文時代が始まって焼畑農法が日本列島で行われるようになった。その結果、絶滅するべき生物たちが残り、更に田畑を開墾して定住するようになっても、彼らは人間の営みを頼って何とか現在まで命脈を保った。このようなストーリーが正しいのであれば、もはや雑木林の生態系はその根幹からして「人工物」と見なすべきだろう。もし自然の営為に任せるのであれば、彼らは絶滅すべき生物たちであり、それを生きながらえさせるのは「人工的」作用である。

もともと江戸社会で里山を「保全」した目的は、農業生産のためだった。今の日本では里山を「保全」したからと言って、そのような利益を生み出さないが、多くの人々が里山生態系の生物多様性に価値を認めるのであれば、今度は「生物多様性という利益」のために里山保全活動が成立する可能性がある。これは現代にも通用し得る新しい里山保全活動の思想的枠組みである。

しかしながら「生物多様性を人間の利益と見なす」と聞いたときに利益の大きさに懸念を抱かざるを得ない。その利益は言わば余暇を楽しむなど、我々の生存に直結しない種類のものである。そのために我々が投じることが可能な労力や資源は、農業生産の利益の場合に比べて微々たるものになるだろう。そうした懸念に応えるように「医療技術や食料生産の将来的発展の材料を確保するために、遺伝子資源を失ってはならない」などと主張する議論が起こっている。

そこで遺伝子資源に目を向けたとしても、それは将来に可能性を残す趣旨のものであるから、直接に明日の食料を生産する利益と比べて、やはり大幅に見劣りがする。また本書では、人間の側の価値に還元する立場を採らないことにしているから、最終的には「生物多様性という利益」を人間の利益と見なすことはしないのだが、ここでは仮にそれを認めて里山を保全したとしよう。

そのとき里山の自然はもはや元々の意味の自然ではなく、むしろ我々の造作、ないしは作品というべきものである。農業生産の目的で結果的に保全されていた元来の里山環境も、因果関係としては我々の作品と言ってもよかったが、少なくとも意図的に作り上げた生態系という意味での作品ではなかった。ところが生物多様性を目的とした場合には、露骨に里山を設計して創作することを意図するのであるから、最初から「人為」に始まって「人為」に終わる。生態系だけでなく里山の生物の位置づけも、自然というよりは人間の都合で維持管理される作物と家畜、あるいはむしろ庭木と愛玩動物に近い位置づけになる。我々がバラの花の様々な品種を維持したいと望むように、里山の様々な生物を途切れさせずに維持することが、絶滅を防ぐことに対応している。

生物学者、今の場合特に生態学者は、品種の絶滅と種の絶滅では、0と1の区別をするのが普通である。つまり品種の絶滅は全く問題でないが、種の絶滅は決定的な損失であると。その理由は、品種が「人工物」であるのに対して種が「自然の存在」で、人間が再度作り上げることができないからである。本当は「品種なら再度作ることができる」というのは間違いだし、厳密にはその逆に「種は決して作れない」というのも正しくない。ここでもまた「自然の価値に対して人為的なものには価値がない」とする価値観が影響して真実が歪められていることに気づく。ところがこれまで見てきたように、里山生態系の動植物たちはもはや「自然」と言えなくなって、園芸品種や愛玩動物と同列になってしまった。だからもし「人工物」に価値を認めないならば、彼らの絶滅が仮に種の絶滅であったとしても、容認すべきどころか、ちょうど移入種の絶滅を推進するのと同じように「生態系にとっては好ましい絶滅」と判定されることになる。「本来の自然状態なら絶滅すべき生物に場所を占有させるべきでなく、自然の生態系のために場所を明け渡すべきである」という具合に。

違和感は大きく、それ故まだ細部の違いを捉えて、例えば「里山の生物は里山がなくなれば他に行き場がないが、移入種は元々の生息地に戻ればよい。だから同列には扱えない」などのような、多くの議論が展開されることが予想される場面である。だがしかしそうした議論は、例えば移入種でも実際には元の生息地が破壊されていたりして、科学的事実に反していることも少なくない。更に強調すべきことには、その思想的背景を突き詰めていくと、結局「人間の存在は自然環境に弊害でしかない」前提で考えていることを露呈する。元来、自然科学だけで何かの方針が定まるはずがないので、我々の行動指針を示すときには背後に何らかの価値判断が作用している。その価値判断の基準が何であるか追求すると、結局「人為排除」に辿り着くのである。その価値判断の基準、つまり今の場合「人工物は価値がない」という基準に、例外を認めないと、里山保全は肯定できなくなって、移入種と里山の違いを科学的に基礎づけるもくろみは崩れる。

こうした議論の中に潜む自己矛盾に、常々筆者が思うのは「正直になる」ことである。即ち「無理に科学の装いを身につけようと本心とは違う理由付けで説得を試みる」のは止めて、いっそのこと「正直に自己の価値観を表明して、自己矛盾をも認めて課題を残しながらその上で当面は皆で先に進みたい」と同意を求める方が好感を持てる。もし自分の信念であるのなら、価値判断の指導原理として「人為には価値がなく、自然であることが最優先である」と宣言して、その上で個別事例を議論しながら、もしそれに矛盾した方針を表明したい状況に直面した場合には、正直に「矛盾するけれど自分の価値観として、この場合は例外的対応を採りたい」と述べる方が、無理に個々の細かい違いを見つけ出して、それに頼って科学的理由付けをひねり出した結果、非専門家には気づかれそうにない部分で小さな嘘を重ねるよりも遙かに良心的である。少し同情的に付け加えるなら、意図的に嘘を重ねるというのではなく、自分自身も騙されてしまって自分の価値観に無自覚に、「多少の不正確さはあるが素人向けの説明として妥当だ」と判断してしまっている、というのが実態かも知れない。そういう間違いを犯さないために、科学者は自分の価値観に敏感になるべきなのである。

とにかく「里山なる人工物を作り上げて、それを保全しよう」とするなら、こうした立場での里山保全活動は可能なだけでなく、実際にも十分に実行する価値がある。それが現在行われている諸々の里山保全活動を、思想的基盤について正しく構成した結果である。これは本質的に「保全」であるから、例えば生物多様性から見て貧弱なスギの植林地を維持するための管理と同列に見る必要がある。一方は材木の生産を、他方は生物多様性を、保全の動機として適当な場所に造成されて維持管理される。いずれも人間の都合で作られて管理される人為生態系である。

しかしながらこう捉えてしまうと、里山の価値が大きく低下したような印象を持たないだろうか。そこで最初に述べたように、本書では価値の源を人間の側だけに限定する立場を採用しないで、自然の側から見ての価値を考え続けようと思う。その理由は結果的にそれが可能だからである。

従って、里山の生物を人間の作品と見なす方向には進まないで、里山の生物たちを自然の一員と見なしながら、これから先の議論を展開しよう。しかし「自然」と「人間」を分けてきた認識の方法は大きく修正されている。里山を考えるときに「自然」と「人間」は、どちらも自立しては存在できない。里山の「自然」は人間なしに存在できないのだから、ここでは「自然」は「人為作用を受けない」という意味ではなく、生物多様性、あるいは生物たちそのものの集団、というようなものを思い描いて、それのことを「自然」と呼んでいることになる。

二　自然に対する人間の影響

さて、発想を転換するための準備が整った。まずは生態系に対する二つの科学的指標が含み持つ思想的意味について考察しておこう。

植生自然度から生物多様度へ

これまで「人間の存在は自然環境に弊害でしかない」とする考え方に沿った見方から発展を遂げた生態学の成果を見てきたが、その結果「人間＝自然環境に弊害」の図式自体には各所にほころびが出てきている。絶滅危惧種の分布から判明した事実、生物多様性に関して理論的推定も含めて展開した議論、これらは人間が関与して実現する里山生態系の方が自然生態系に優れるかもしれないことを暗示している。

何を以って優れるというのか、それは「生物が多様な方が優れる」と見ていることに気づく。逆に今までの見方は「人間が関与しない方が優れる」と見ていたのである。これらの価値基準は互いに一致した答えを出す、と思いこんできたのが早計だったのであり、更には生態学の専門家をはじめとして我々の社会全体が、このような基準の下に生態系に対して価値判断していながら、その自覚さえも持たずに植林などの活動に邁進していた。

そしてこの価値基準に関わる「一致の前提」に沿わない里山生態系を、例外として取り扱いながら、方法論的にも思想的基礎付けにおいても無理のあるやり方で、里山を保護の対象に追加しようとしていた。

このような臆見が生まれた原因には現在の時代背景がある。産業社会の拡大が続いて、その中で里山生態系も含めて野生生物たちが人間に住処を追いやられる状況ばかりが目に入る。それを見て「人間の作用は必ず生物を減らす」と結論づけるのは自然な勢いである。それが成立する限りにおいては二つの価値基準は同じ結論を導く。しかし自然生態系と里山生態系の比較においては、この結論は成り立たず、逆の関係が成り立っている。その食い違いを「例外的なもの」と片付けず、二つの価値基準をはっきり別物と見なし、両者の導く結論にも一致を前提としないのが、筆者の立場である。そして二つの価値基準の内で「生物多様性」の方を選ぶ。

一言でいえば、生態系への価値判断の基準を「植生自然度」から「生物多様度」へと切り替えよう[注2 (p.88)]という主張である。人間の関与がないことを測る「植生自然度」ではなく、生物の種類の多いことを測る「生物多様度」で考える。それが筆者の思想的立場を生態学用語で表現したものになっている。

楠再考

この文脈から当初の「楠の議論」を振り返ると、楠に対する評価は大きく異なる。クスノキは人間が関与することで生息場所を得ている。だから当初は望ましくない存在と見なされたのだが、新しい基準で見たときには評価が異なって、里山に一定の地位を持ち、里山生態系の生物多様性を支える構造の一部分として、里山生態系の中に含まれるのだから望ましい存在となる。

クスノキは里山に入り込むことのできる樹木のひとつである。雑木林の中に入り込む樹木として、先にはヤマザクラの種子散布能力を考えたが、クスノキもまた鳥散布によって繁殖する点で同じである。色はブルーベリーをもっと黒く、大きさはかなり小さくしたような感じの実をつける。黒い実は鳥にとって赤い実と並ぶ「おいしさの目印」になっていて、黒い実をつける植物は他にも多い。

耐陰性は、というと常緑樹にも関わらず耐陰性が弱く、クスノ

楠の葉と実

キは十分な日光がないと生きていくことができない。落葉樹は概して耐陰性を持たず、先駆樹種と呼ばれる仲間のほとんどは落葉樹である。逆に常緑樹は大体において、先陣を切って草原などに入っていくのが苦手なものであるが、クスノキはその中で例外的存在である。

耐陰性と葉の寿命には相関があると言われているのだが、その理由は次のような理屈による。一度展開した葉が落ちるまでに、葉を作るために使った以上のエネルギーを光合成によって植物の体にもたらすのでなければ、植物はその葉を広げる意味がない。もしその場所の光が弱ければそれだけ光のエネルギー密度が小さく、時間を掛けなければ葉を展開した時のエネルギーを回収できないため、葉の寿命が長い必要がある。一方光が強い条件下でも葉の寿命が長いことが直接不利に働くわけではないが、競争に打ち勝って強い光を受け続けるには、陰になった葉の栄養を早く回収して枝を伸ばす方が優れる。そして葉の寿命が同じなら、葉を広げるためのエネルギーを小さくできるのが有利である。そこで植物の葉の耐久性は、落葉するまでの期間を耐えられる程度ぎりぎりのものになる。常緑樹の葉が堅くて落葉樹の葉が柔らかいのは、こうした理由から決まってくる。

落葉樹が冬に葉を落とす理由のひとつは、低温時に光を受け取ったときに起きる葉緑体のダメージを避けるためなのであるが、毎年冬に葉を落とすのだとすると、夏の半年の期間で葉を展開したときのエネルギーを回収するだけの光を受け取らなければならない。半年保つだけで良いので葉を薄くしているのだが、それでもやはり耐陰性が低下してしまう。もしその場所の冬の低温が厳しくないのであれば、常緑樹となって葉を長くつけていた方が耐陰性を確保して弱い光でも生存できる。そして我が国の多くの平野部では常緑樹に有利な温暖な環境が実現している。

そこで落葉樹と常緑樹の関係は、概して言えば陽樹と陰樹に対応している。両方が生育可能な気候条件であれば、暗い林内でも育つだけの耐陰性を持った常緑樹の若木が林内を優占して、世代を重ねるに従って落葉樹は衰退していく。

しかし落葉樹にはもうひとつの戦略があって、先駆樹種として生きていくことが得意である。何年も葉をつけている常緑樹よりは、毎年葉を落として春先新たに伸ばした枝の上に薄手の葉をたくさん広げる落葉樹の方が、枝の伸張が速いので、光が十分にある開放空間から始まれば先に落葉樹が生長して、常緑樹の上に枝を広げる。最初の一世代目だけは落葉樹の勝ちなのである。その後一旦樹木に覆われてしまうと、林床は光が弱くなり早く落葉する性質は不利になりやすい。だから種子散布能力を高めて、何らかの原因で新たな開放空間が発生したところに芽生える確率を高める。こうして極相林が照葉樹林となるような温暖な地域であっても、先駆樹種として神出鬼没に開放空間を渡り歩くならば、落葉樹であることが生存戦略として成り立つ。

このようなゲリラ戦法が先駆樹種の生存戦略の特徴なのであるが、クスノキの葉は常緑樹の中では特に寿命が短く、若木の成長が早い。場所にも依るが概して暖地な地方の町で、春に腐葉土を作る目的で落ち葉を集めると、集まるのが楠の葉ばかりで閉口することになる。クスノキの落ち葉は特有の樟脳の匂いが微生物を寄せ付けないのか、容易に腐らない上に、表面がつるつるして滑りやすく風に舞い上がりやすい。そのため堆肥を作る目的には最低品質の落ち葉である。だから閉口するのだが、春の落ち葉に楠の葉が多い原因は、楠の葉の落葉時期が春先に巡ってくるからである。

この時に落としている葉の大部分は一年前に展開したばかりの葉で、残る葉も大方はその年の秋には落葉してしまう。結局クスノキの葉の寿命は一年から一年半といったところで、冬の光合成生産力はごく低いことを考えると、一年で落葉する葉は落葉樹の葉と大差ない仕事しかしない内に寿命を迎える。冬に葉をつけているという意味で確かにクスノキは常緑樹であるが、葉の寿命では落葉樹に近い。クスノキには耐陰性がなく、若木の成長が速く、十分な日光の下での競争に強い、このように生態的振る舞いが落葉樹に近い原因は葉の寿命にあるものと推測している。

こうしたクスノキの性質は自然植生である照葉樹林の中で生きていくには不利で、先駆樹種としてどうにか命を繋ぐ以外にないが、人為的な里山環境が出現したならば、その場所はクスノキにとって好適な環境である。雑木林は定期的に伐採されて太陽の光が地表に届く。その時芽生えてその後は素早く成長して、樹冠に光を受け続ければよい。芝刈場では割と短期間で刈り取られてしまうから、幼木が存在するだけに終わるとしても、農道の脇に芽生えて農作業の邪魔にならなければ、子孫を残す程度の大きさに成長することが許されることもあるだろう。更に人々の楠信仰[10]が人家の周りのクスノキの大樹を伐採から守ってくれる。

楠に対して「犬楠」と呼ばれている、ちょっと気の毒な名前の樹木がある。クスノキよりも樟脳の匂いが弱く、クスノキほどには大樹にならないから「犬楠」なのだが、植物学上は通常タブノキという別名が使われている。同じクスノキ科で、クスノキの実よりは大きく、それでもブルーベリーよりは小さい黒い実をつける。ブルーベリーのようには実の表面に白粉を纏わず黒光りする。その点でもクスノキと同様である。

鳥散布であるにも関わらず先駆樹種というよりは、それこそクスノキと正反対に照葉樹林の中で王者の一角を占めている。葉について違いを言えば、輪郭や葉脈の走り方が違い、それに緑の色合いもクスノキより濃いこと、クスノキなら葉の裏にダニ部屋という小さな窪みがあるが、そのダニ部屋がないことなど。樟脳臭の葉を喜んで食べるアオスジアゲハの幼虫を育てる点では、クスノキと生態的価値を共有する。そして今重要な点は、新葉が開いてから落葉までの期間が長いことである。その結果強力な耐陰性を獲得して、極相林の中で確かな地位を確保している。その立場は具体的にはシイ林の高木層の中での主要な一員で、特に海岸に近いシイ林ではタブノキの方がシイノキなど他の高木たちを圧倒して「タブ林」と呼ぶべき様相を呈していることもある。照葉樹の象徴をクスノキ科樹木から選ぶ理由はないと思うが、もしクスノキ科から選ぶのであれば、こうした生態学的地位からしてクスノキよりもタブノキの方が相応しい。

種子散布能力の高さと耐陰性の高さを両立させたタブノキは、「照葉樹林の主要な一員」というイメージからかけ離れた場所でも見かけることが多い。広範囲に及ぶスギやヒノキの針葉樹植林地の中の薄暗い林床には、クスノキもサクラ類も光が弱すぎて成長できず、またシイノキを代表とする、耐陰性の高さを武器に照葉樹の極相林を構成する多くのブナ科植物たちも入っていくことができない。後者は言い換えると「常緑性のドングリの木」と呼べばよいのだが、椎や樫の木のドングリは針葉樹植林地の真ん中では親木から距離がありすぎて到達できない。このような針葉樹植林地のただ中の薄暗い林床に、タブノキの若木が飛び込んで成長しているのを見かけることがよくある。彼らの卓越した能力は、「犬楠」などという、タブノキにもイヌにも申し訳ない名前を付けた我々人間を見かえしているかのようでもある。

このようなタブノキとクスノキは分類学上は近い関係にあるのだが、生態学的性質でクスノキはタブノキと正反対の方向性を選んだ。ここまで述べてきたように、クスノキのような先駆的性格を強く持つ樹木は、常緑樹の中では珍しい存在であるが、その結果落葉樹主体の里山の環境にも馴染みやすく、逆に自然林の中では居場所の限られる樹木と言ってよい。こうした樹木について、「植生自然度」を考えていたときには、仮に火山噴火後のアカマツ林内の場合を除外したならば、基本的には自然から逸脱する樹木としてクスノキをマイナスに評価していた。その評価基準を切り替えて、「生物多様度」で考えよう、というのが筆者の主張である。

比較的自然林に近い状態の林の中を通る道路で、道の脇の林縁部分だけにクスノキが点在しているのを見たことがある。推測であるが、人間が通した道路が原因となって林床に光が差し込んで、道路脇の明るい場所にクスノキを呼び込んだのであろう。これを自然林への侵略者とは見ないで、自然林と隣接することで新たな生物への居場所を作り出して自然を豊かにし得るもの、とプラスに評価しようというのが新しい価値基準である。もちろんここでクスノキが自力で自然林を駆逐して純林を形成する能力を持たないことを確認する必要はあるのだが、その点はこれまで寄り道して詳しすぎるほどにクスノキの性質を見てきた内容を振り返れば、即座に確認できることと思う。

人間＝自然環境に影響力

自然に対する人間の影響は非常に大きく、人間をひとつの生物種と見たならば、驚異的な影響力を発揮しているのは間違いない。現在の状況の中では確かにマイナスの、それも大きなマイナスの影響を与えている。それ故「人間の影響は必ず自然を劣化させる方向に作用する」と見なされてきた。

しかしながら過去に目を移すならば、大きなプラスの影響を発揮した時期も間違いなく存在した。その実例が里山である。それを受けてここで発想を改めたい。つまり、自然にとっての人間の存在は「弊害である」ことに依ってではなく、実は「影響力が大きい」ことに依って特徴づけられるのではないか。このように「人間」に対する捉え方を変えることを提案したい。

ここで筆者が主張したい発想の転換の一つ目は、「人間＝自然環境に弊害」から「人間＝自然環境に影響力」へと、認識を改めることである。

三　「自然と人間の良い関係」

その上でもう一段上の発想の転換に進みたい。それは「自然」と「人間」との間の関係へのこれまでの認識を改めることである。

里山における自然と人間の関係

ここまでの議論を要約すれば、「里山は人間社会に構造化」されていて、同時にその「里山の自然に価値がある」のである。かつて里山は人間にとっても利益がありながら、同時に自然にとっても有益な場所だった、と見ることが可能である。そのような見立てに基づく論理を組み立てていくことにしよう。このような「自然と人間の良い関係」の可能性は、「人間＝自然環境に弊害」の価値観では最初から排除されていたものである。

思えば「自然の権利」による環境思想の場合でも、また他の多くの環境思想[43]の場合でも、根底において「人間＝自然環境に弊害」の認識を出発点にして成り立っている[5]。ところが今「人間＝自然環境に弊害」を改め、一側面として「人間＝自然から必要とされる」可能性までが示されたのである。翻って大多数の環境思想は、今の時代背景に依存したもので、時代を超えた普遍性は持ち合わせていないのかもしれない。

人間が自然に依存してしか生きていけない事実を指摘して、「人間と自然の間の依存関係は一方的なものである」と捉える大多数の意見に対して、新しい視点では「真実は双方向的な依存関係であって、自然の側も人間の関与を必要としている」と、認識の根本的部分を改めさせる意味合いを持つ。この双方向的依存関係が好ましく運んでいる状態が「自然と人間の良い関係」である。

時として自然は人間に牙をむくのであるが、それと同じように現在の我々は自然に寒風を送っている。しかしながらそうした不幸な時代が永久に続くのではなく、互いにとって益となる「自然と人間の良い関係」もまた、人間存在の本質に備わった「あり得る可能性」である。そのことの発見によって新しい視界が開けて来よう。

「共生」概念の検討

ここで「自然と人間の良い関係」の「良い関係」を簡単に「共生」と呼ぶことは可能だし、実際テレビコマーシャルなどで、里山のことを「人間は自然と共生してきた」と表現しているのを耳にする。生態学用語の「共生」も大体そういう意味ではある。大体というのは二つほど理由があって、最近の主流では「片利共生」という一方だけが利益を得る共生や、更には寄生までをも含む上位概念として「共生」の用語が使われるようになっている点、そしてそもそも生態学で「共生」というときには、生態系とその一員である生物「人間」の間について使う言葉ではないからである。

しかしながらそれ以上に問題なのは、「共生」という言葉が日常語として使われる場面である。ここで述べてきたような意味ではなく、ただ自然のための余地を残しておく程度の、即ち「互いに無関係な共存」の意味にもしばしば使われる。これは生態学の広義の「共生」にも該当しないケースであり、日常語では生態学用語とは別の方向に「共生」の意味が拡張されてしまっている。

いずれにしても「共生」の語義が拡張されていて、この言葉から想起する事柄は元の意味を薄めることになっているので、今の場合を表現するには適当でないと筆者は感じる。そこで厳密な生態学用語を当てはめようとすれば「相利共生」となるが、日常語でないだけに生態系全体と一生物種の関係に使うことの無理が大きく、また非専門家には意味が把握しにくい。そんなわけで「自然と人間の良い関係」[注3(p.88)]と言い続けることにしたい。

実のところ、この「自然と人間の良い関係」の発見は、生態学における「共生」概念の拡張での経緯と同じ構図になっている。当初「共生」は恒常的に維持される生物間関係として捉えられていたが、現実の生態系を分析するにつれて、それが非常に不安定な関係であることが分かってきた。ある時期に「相利共生」だった二生物間の関係が、その後簡単に「片利共生」や「寄生」に変質してしまう。

具体例を挙げれば即座に理解されるのだが、例えば栄養を供給する代わりに外敵から守ってもらう関係の「相利共生」は、外敵がいない環境では「寄生」になってしまう。従って、時と共に二生物間の関係はすぐに変わってしまう。それどころか同時並行的にも「共生」と「寄生」が成り立つことがある。例えばある島で「相利共生」だった同じ関係が、別の島では外敵が存在しないために「寄生」である、などという状況はむしろ存在して当たり前だったのである。

それを発見したことにより、生態学では「共生」の意味を拡張して、生物間に関係があることを意味する言葉に格上げした。相利的にせよ片利的にせよ関係の有無は維持される傾向があるから、拡張された「共生」概念の方が恒常性が高い。そして古い「共生」の概念には「相利共生」の新しい語を当てた。

自然と人間の関係も実は同じだった、というのが「自然と人間の良い関係」の発見の実質的意味である。生態学における発見をそのまま当てはめて言うならば、かつて「良い関係」だったものが、現在ではいとも簡単に「悪い関係」に変化してしまっているのは、むしろ当たり前なのである。生物間関係の不安定さと同様に、自然と人間の関係も容易に相利的なものから片利的なものへと、あるいは逆に変化してしまう。そのことを歴史的事実が示している。

そのことを知らないで我々は、人間が自然に一方的に悪影響を与える関係、つまり寄生的関係が恒常的に続くもので、これが人間の本質的性質に依るものと思いこんできたのではないか。確かに人間は自然との関係を絶つことができないが、その関係が寄生的であるかどうかは、今現在の状況に依存しているにすぎず、今後また容易に変化し得る。そういう示唆を生態学の研究史から読み取ることができる。

その文脈に沿って考えると、これまで我々が目指していた「自然に与える悪影響を小さくする」目標は、関係性が消失することをもくろむことになるので、実は現実味が乏しく、逆にそれを飛び越して、関係性が今と変化することで再び「自然と人間の良い関係」へと転換する可能性の方がずっと大きい。

この点は少し強調する必要があるのかもしれない。どうしても我々の思考回路は「悪影響を小さくすることの方が、容易に達成し得る目標である」と考えてしまうようである。プラスの影響は現在のマイナスの影響から見て逆方向に離れていて、その中間に影響の消滅する場所がある、というような地図を思い描いてしまう。しかしどうやら自然と人間の関係の地図はそういう具合にはなっていないらしい。影響は大きいままにそれをプラスマイナス逆転する方が近い位置にあり、影響を消滅させることはもしかしたら人間が生き物であることを止めない限り不可能なのかもしれない。そういう意味で「人間は自然への影響が大きいことで特徴づけられる」のである。

自然に対する人間の大きな影響は避けることができないが、マイナスである場合だけでなく、プラスであることも可能である。ちょうど生物間の関係が相利共生から片利共生や寄生に変質するように、自然と人間の関係も状況の変化によって容易に変転する。影響の方向性ではなく、影響の大きさの方に恒常性があるのではないか。

「里山」の新しい属性

もうひとつ「里山」という言葉についても、ここで再確認しなければならない。今まで「里山」を里山的要素が存在する場所を指す言葉として使ってきた。ここで新たに「自然と人間の良い関係」が実現する場所、と定義し直して、現実の里山と切り離すことも可能であるが、そうはしないで「自然と人間の良い関係」は里山が「里山」であるための不可欠な属性として追加することにする。

こうして追加された「里山」の新しい属性は、言葉遣いに思いのほか甚大な影響を与える。今まで「里山は、絶望的に保護するのが難しい」と表現することもあったが、これからは厳密に「里山生態系は、……」と言わなければならない。そして里山そのものは、もはや保護の対象たり得ない。人間社会が里山の一部分に組み込まれてしまったためである。仮に多大な労力を厭わず保護したとしても、「自然と人間の良い関係」までもが再現するわけではない。

これまでの議論では、保護の対象と行為者の問題から「里山が保護できない」と論じたが、その段階では保護でなく保全なら可能であった。ところが「自然と人間の良い関係」を「里山」の属性に加えたことで、関係性までもが保全対象となり得るのか、改めて検討する必要が生まれる。人間が里山の自然との関わりで受け取る利益という種類のものは、人間にとって保全対象ではなく保全動機に属することではなかろうか。ならば「里山」は保全できない。

今の我々の社会は里山を必要としなくなっている。仮に生態系としてそれがまだ残存しているとしても、そこにはもはや「自然と人間の良い関係」があるわけではない。もちろん正確にはまだ部分的には「自然と人間の良い関係」が残っていて、つまり人間はまだ少しは里山からの恩恵を受けていて、今まさに消えゆくのを見ていると言うべきかもしれないが、その点では少し時代を先取りしても構わないだろう。

一方でこの新しい属性によって里山が、今までとは比較にならないほどの燦然とした魅力を放ち始める。今までは「里山生態系の生物相が豊かだったから」保護したいと願ったり、それを分析したりしてきたのだが、その限りでは里山は他者であり、我々人間と切り離して考えることが可能だった。ところが「自然と人間の良い関係」となると、これは我々自身のことであり、我々人間の存在を自然が肯定してくれる、更には人間の存在を自然が必要としてくれる、という意味までも含み始める。

それで私たちは「里山に行きたい」と願う。今や保護する対象ではなく行く場所なのであるが、その願いはかなえられようがない。里山は過去の歴史の中で一定期間確かに存在していたが、人間が過去に移り住むことができないのは言うまでもなく、歴史の歯車を逆回転させることも不可能である。それどころか、歴史の歯車を止めることさえ人間には成し得ない。

概して環境保護活動に熱心な人々には、この点をなかなか理解して貰えないのだが、過去に実現していたことは未来に実現可能であるための十分条件ではない。実際に実現するにはその手順まで示す必要があるのだが、人間社会の動きは地球の構造と共に、社会の構造に依っても規定される制約の下で自律的に発展していく性質を持っている。その制約の中で望むべき方向に進む正しい手順を示せと言われても、神でもない限り不可能な相談である。

この点については非常に厳しいことを後で指摘しようと思うが、簡単に言えば、今の人口のまま江戸時代の生活様式に無理やり戻したら、単純計算でも日本の人口が数分の一になるまで飢餓が止まらない。更に厳しい事態に陥ると予想するべき材料もあって、間違っても過去への郷愁などを抱いて現実離れした希望を口にしてはいけない。「里山」が「自然と人間の良い関係」の実例であることは、確かに我々に「里山」への憧れを引き起こすのであるが、勢い余って「里山」を理想化して思考を停止してしまい、真実から踏み外す道は進みたくない。

活動家から時々聞く意見は「活動のためにつぎ込む『力』を得たいから、何か理想の目標を掲げて皆でそれに向かって進もう。そのシンボルとして何かを」というものである。ここで折角見つけた理想郷に行くことができない、と主張することも、その理想郷にマイナス面があることを指摘することも、活動への妨害と感じてしまうものらしい。しかしそうして真実を欺いて人々を活動に引き入れたならば、その嘘が露見して意図した結果が得られなかったときには、その活動自体が停止するだけでなく、正しく真実に根ざして地道に進めている他の活動に対する妨害にもなってくる。長い目で見れば活動の活性化に繋がるはずのないこうした欺瞞によって、一時の高揚感を皆と共有することに惹かれる気持ちも、全く理解できないわけではないが、結局は刹那的で無責任な態度なのではないだろうか。

仮に未来に何らかの可能な方法によって里山的社会が到来した場合でも、それで厳密な意味で過去の社会に戻っている可能性はなく、細かいところがあれこれ違うばかりでなく、社会の本質的部分において性格を異にする社会になっているものと期待すべきである。だから本当に我々は「里山」に行くことができない。

それでは我々は、「里山」にどういう態度を取るべきなのか。次からは我々の取るべき「里山」への態度を考えていこう。

★**注**

▼1（61頁）本書ではそれ程大きな問題にはならないが、常々「保存」の言葉には別の困難を感じている。物理学用語としての「保存」は「何かの物理量、例えばエネルギーが保存する」と表現した場合に、エネルギーは姿を変えても数量的な総量は不変である、という意味になる。エネルギーが姿を変えるとは、例えば電気ストーブで、電気エネルギーが熱エネルギーに姿を変える、というような場面で、そのときに姿を変えた後の熱エネルギーの発生量は元の電気エネルギーの減少分と等しく

なっている。この法則の成立条件は「どんな場合でも」で、これに反することを実現して、例えば永久機関を作る計画は「無知」か「変人」か、でなければ「確信犯的研究者」にしか考えられない。

ところが日常語としての「保存」は「食品保存」などのように、姿を変えないで状態を維持することの意味で使われる。その結果「エネルギーは保存できない」のような、物理学的に異様な表現が成り立つ。この場合「エネルギー」は否が応でも姿を変えていってしまう」の意味で、所謂「エントロピー増大の法則」の結果として、そのような性質がエネルギーには避けられない。

この用語法の混乱状態に日頃から悩まされているのだが、ここに環境保護論における「保存」の言葉の意味を追加していくと、もうひとつの新しい観点が「保存」の語に付け加わって更に混乱に拍車を掛ける。環境学に関わる物理などを講義している場面では、ため息が漏れそうである。

▼2 (73頁) 自然の側から見た自然の価値基準を構成しようとするときに、生物多様性だけ見ていて良いのかどうか、その価値基準に不十分さが残るのを筆者は承知しているのだが、ここで深く考察するのは避けたいと思う。問題の所在を認めることの容易さに比べて、問題の克服に必要とする創造的作業が膨大である上に、作業の中身が一意に決まらない。生物多様度をひとつの物理量と見なしたときに、それ以外の次元の異なる価値基準との間でどのような単位換算を行ってどのように統合化するのか、ライフサイクルアセスメントが直面しているような種類の問題に本腰入れて取り組むことになって、これはひとつの学問体系を作り上げるのにも匹敵する覚悟が必要になる。

▼3 (82頁) ここで「自然」と「人間」の順序を逆にして「人間と自然の良い関係」と言った方が言葉が滑らかかもしれない。今の場合「自然と」の「と」は続く「人間」との並立助詞として使っているのだが、副詞節として働くような「自然と」の表現もあって、読者が最初にこの表現に接した際には「どちらの意味だろうか」と迷ったかも知れない。そのような問題点があるのに気づくのであるが、少々考えた後に、筆者は人間であるから礼儀作法の問題として「人間」を後にすることに決めた。それ以上の意味はない。

第三章　「青き清浄の地」

「里山」に対する我々の態度

　行き先も分からぬままに勝手に進んでいく歴史の中に身を置いて、人間にできるかもしれない唯一の行為は、不確実性がほとんど完全に覆い尽くす濃霧の中から、少しでも可能性のある方向を注意深く見極めて、その方向に進もうとすることだけである。そうする中で、もしかしたら再び我々は「自然と人間の良い関係」に辿り着くかもしれない。それは「里山」そのものではないはずだが、新たな局面における「自然と人間の良い関係」である。そうしてその新たな「自然と人間の良い関係」を長く維持しようと試みることも、我々人間に許された範囲にある。

　しかも辿り着いた「自然と人間の良い関係」が、更に幸運にして、江戸社会の持つ欠点でありながら現在克服されたような形の飢饉や疫病を再来しない種類のものだとするならば。それもまた同じ論理によって存在し得ることが許されるひとつの可能性である。

　我々は再び「自然と人間の良い関係」に辿り着くかもしれない、と期待し得る根拠を「里山」が我々に与えてくれる。その根拠は、「里山」が「自然と人間の良い関係」の実例であることに依って支えられている。「人間の創る社会は自然を豊かにする可能性もまた秘めている」ことを「里山」が教えてくれて、「人間の存在は自然環境に弊害でしかない」という呪縛から我々を解き放ってくれるのである。現実には我々は里山に行くことができないし、新たな「自然と人間の良い関係」に達する具体的な道筋も見えないが、時を隔てて確かに「里山」が存在することで、可能性としての「自然と人間の良い関係」の存在を教えてくれて、倦むことなく「自然と人間の良い関係」を求める拠り所となる。

ナウシカの態度

このような「里山」に対する態度は、稲葉振一郎が『ナウシカ解読』[1]の中で述べている「青き清浄の地」に対するナウシカの態度と一致している。『ナウシカ解読』は宮崎駿の漫画『風の谷のナウシカ』[44]に対して哲学的な論考を行ったもので、「青き清浄の地」は漫画の中に描かれたものである。

漫画の舞台は今から二千年近く未来の地球で、地球は荒廃して汚染され、人々は有毒ガスを発生する巨大菌類の森、即ち「腐海」の拡大に脅かされている。その中で主人公ナウシカは、人々が嫌う「腐海の生き物たち」が地球を浄化していることを突き止める。こうした浄化の結果生まれる場所が「青き清浄の地」である。「青き清浄の地」では今や見ることのできなくなった「原種」の生物たち、つまりこれは現在我々が目にしている生物たちのことなのだが、「原種」と「腐海」の生物たちが平和に生きている。人類は地球を破壊し汚染して自らの生存まで脅かされるのだが、むしろ嫌われ者というべき「カビ」や「ムシ」が汚染を浄化して地球を救ってくれていた、というのが物語の設定である。

従って「青き清浄の地」は人々に福音となるべきものだったのだが、物語はそのようなハッピーエンドに終わらない。物語の終盤に読者に明らかにされる真実は、ナウシカを含めた人間たちが「青き清浄の地」に移住することはおろか赴くこともできないことを意味する。彼らの肺は「青き清浄の地」

の空気を呼吸することができないからである。彼らの肺はかつて人類が栄華を極めた時代に、汚染大気に適応するように造り替えられていたのである。

同名のアニメ映画『風の谷のナウシカ』では、ナウシカの突き止めた「腐海による浄化の真理」が人々に平和をもたらす鍵となってハッピーエンドを迎える。ところが映画完成後も書き続けた漫画では、宮崎はハッピーエンドを拒んだ。拒んだというよりも、望んだが誤魔化しなしには辿り着けないことを見て取った、というのが宮崎の心情に近いのが、彼に対するインタビュー記事などから明らかである。少し引用してみると次のような具合に述べている。

> だから僕は、ものを作る主体として作品を作っていたというより、ただ後ろからくっついていただけで……。
>
> （中略）
>
> それで、自分が望むような方向には動いてくれない。それでも無理やり望む方向へと、相当嘘ついているなと思いながらもっていかざるをえなかったけれども、こういうのは感心しませんね。（文献[45]、526頁）

ここで宮崎は「無理やり望む方向へともっていかざるをえなかった」と言っているのだが、漫画の物語展開における最終段階で直面していた一番の問題は、「青き清浄の地」に行くことではなかった。その新たな差し迫った問題に答える必要があり、宮崎の言葉では「無理やり」答えるのだが、その過程の中で「青き清浄の地」は行くことのできない場所としての本当の姿を現してくる。

稲葉との対談の中に語られている宮崎の言葉では、「青き清浄の地」は最初からそこに行くことを目指すような場所だったわけではなく、あるいは行くことのできない場所として意味を持たせて登場させたと言うのでもなかった。彼の意図とは別に、創作過程の中で必然的に登場してきて性格付けが決まっていったらしい。腐海による浄化を考えた結果として、次に「浄化した後にはどうなるのだろうか」と考えざるを得なくなったと言うのだ。漫画を書き始めた後であれこれ思考する中で「青き清浄の地」は生み出された。それが汚染空気を浄化した後の終着点であったために、漫画の中では「そこに行きたい」と憧れを抱く対象になった。そしてその憧れが安易に叶えられてはならないのも、物語が軽薄なものにならないために不可欠な展開である。このような手法、つまり物語の自律的な発展によって後から作者自身にも全貌が見えてくるような創作手法は、映画作品も含めて各所で宮崎が述べている。注1 (p.149)

こうした手法を彼が採っているために、結果的に宮崎作品には真実が込められる。ここで真実とは「社会の実像やこの世界の構造が忠実に描かれる」という意味である。多くの宮崎ファンが漠然と彼の作品の「真実味」を感じ取っているのではないかと思うが、それは彼の「行き当たりばったり」とも言えるような創作方法によって実現されている。正反対の創作手法、つまり最初の構想段階で結末まで全て決めておいて、それに従ってひたすら作品を完成させる方法で作り上げたなら、「さすがプロフェッショナル」との賞賛を受けるかも知れないが、真実を持たせるためにはむしろ困難な方法である。それと比べて、物語の進展の各段階で真実に照らして先の展開を再構成するならば、構想段階で気づかなかった飛躍や不自然さを解消して、真実に根ざした物語展開が実現できる。逆にそれによって作家が失うものは辿り着くべき結末である。最初に構想したのとは違った結末が待っているかもしれない。事実漫画『風の谷のナウシカ』は当初宮崎が考えたのと違う方向に向かって行ってしまった。しかしこのように真実性が備わっていることで、現実の世界を考えるためのヒントを作品の中から抽出することも可能になる。本書もそういう立場で宮崎作品を分析しようとするし、稲葉の『ナウシカ解読』もそうした方法で真に迫った哲学的世界観を築いている。

稲葉は宮崎が創作過程で出てきたという「青き清浄の地」を、新しい種類のユートピアとして位置づけた。ナウシカは「青き清浄の地」の存在を見ることで、「戦争状態と関係のない場所は確かにある」ことを知って、自死の誘惑から立ち返り、その後、戦争の外に出ようとする彼女の行動の拠り所となったという。

ナウシカが「青き清浄の地」を見たのは自死を選んで死の淵をさまよう中である。こうした彼女の絶望に「青き清浄の地」が作用する。

> 大切なもの、愛するものが死んでいくこと、その姿を見失ってしまったことが、ナウシカを絶望へと追いやったのである。しかし、彼女は実在する「青き清浄の地」と出会うことによって、愛するものの姿を見いだす力を取り戻したのである。（文献[1]、61頁）

再び漫画『風の谷のナウシカ』に戻って説明すると、腐海の生き物を代表する「王蟲」という恐竜ほどもある巨大な芋虫様の生物が重要な役割を担うのだが、ナウシカは王蟲の心に深い共感を覚えて、王蟲の生き様に惹かれている。王蟲は生態系の調和を優先して自らを犠牲にすることも厭わない。物語の後半にナウシカは王蟲の集団的自死に遭遇し、彼らに合わせて自らも行動を共にしようとする。それを望まない王蟲と友人たちのお節介の結果、最終的に彼女は自死の道から引き返す決断をする。

稲葉の分析は、彼女が自死に誘惑された原因を、戦争状態が避けがたい世界の構造を知り、それが彼女の愛する者たちの死へと必然的に繋がっていく、そういうこの世界の真実を知ったこと、それによる絶望に求める。その絶望から救ったのが「青き清浄の地」の存在であり、彼女の経験に即して言えば「青き清浄の地」を友人による案内のテレパシーによって見たことである、と読み解いている。ナウシカは「青き清浄の地」の生き物たちと出会うとすぐさま彼らを愛するが、それと同時に、彼らの棲む「青き清浄の地」が平和を実現していることを知る。

ナウシカの絶望、即ち「戦争こそ世界の本能である」に対して、「平和が実在する」ことを知らせる「青き清浄の地」の存在は、彼女が来た道を引き返して、生き続ける決断をするのに十分だった。しかしそれによって彼女が得たものは、解決というようなものではなく、むしろ耐える力である。

彼女が望むもの、それはとりあえず人間たちの社会の中での、そして人間と他の生き物たちとの間の平和であろうが、世界の現実、事実的な構造がそれを容易に許すものではないことを彼女は知った。つまり彼女の理想、望みと現実との深刻な対立を。だから彼女が愛する力とともに回復したのは、事実に向き合う力、理想と現実のギャップに耐える力である。愛すべきものが事実存在すること、それこそが彼女が現実の重み

に耐えていけることの条件をなしているのだ。（文献[1]、65頁）

素朴に戦争の外にあろうとするのみではなく、人間の世界のなかに戦争が構造化されていることを知り抜いてなお、平和の価値を認め、戦争の外に出ようとするところに、ナウシカの成長の証を見なければならない。（同、184頁）

ナウシカは「青き清浄の地」を知ることで、再び現実の世界に戻ってきて以前と同じように「平和」を求めて行動する。行動は以前と同じかもしれないが、それは困難を知りながらそれに耐える力を得たからであって、彼女の精神は以前と同じではない。

ここで「青き清浄の地」がナウシカの救いとなり得たのは、それが「事実存在している」ことによる、というのであるが、更に言えば「戦争状態と関係のない場所は確かにある」ことを彼女に教えてくれるからだと捉えられている。稲葉は現実の歴史と漫画の中の歴史を重ね合わせながら言っている。

かつて宗教戦争後にはヨーロッパ公法体制が形成され、第二次大戦後には冷戦体制が出来上がり、そうしていままた冷戦終焉後の今日には国連主導の安全保障体制への努力が先も見えないままに積み重ねられる、という形で、線引きの努力は反復されている。ナウシカの歴史、「火の七日間」以後の世界もこのような線引きを反復してきた。それは種としての人間が生きている限り続く。この反復に倦んで、線引きなど結局は不毛であり、戦争状態こそ人間の世界のありようの本態である、とのシニシズムに落ち込まないためには何が必要なのであろうか？　人間には関係のない場所としての「青き清浄の地」の発見がナウシカにとってはまさにそれであった。戦争状態と関係のない場所は確かにあるのだ。

（文献[1]、184頁）

ナウシカの世界の中で「青き清浄の地」は確かに存在し、そこでは平和という理想的な世界が実現されているが、人間はそこに行くことができない。にも関わらず「戦争状態と関係のない場所は確かにある」ことをナウシカに知らせることで、「戦争状態こそ人間の世界のありようの本態である、とのシニシズムに落ち込まないために」ナウシカにとって拠り所となる。

更に積極的に踏み込んで、稲葉はノージックのユートピア論を引用しながら、「青き清浄の地」はユートピアを構想させるユートピアであると見なしている。ユートピアを「構想する」というのは、さしあたって具体的にはナウシカがそうしたようにこの世界に平和を実現しようとする行為だと理解してよいだろう。ナウシカは「青き清浄の地」の存在に力を得てユートピアを構想して、現実世界にそれを実現しようと行動した。逆に言えば「青き清浄の地」はナウシカにユートピアを構想させたのである。ユートピアを構想させるユートピア、このようなユートピアはノージックによるユートピア主義の三分法のどれにも当てはまらない。「青き清浄の地」は「新しいユートピア」になっている。稲葉による「青き清浄の地」の位置づけはこのようなものである。注2 (p.149)

現在を生きる我々にとって「里山」は、「自然と人間の良い関係」を実現する世界として時を隔てて確かに存在するが、現実にそこに赴くことは我々にはできない。それ故筆者は「里山」を、未来に

「自然と人間の良い関係」に辿り着こうと試みるための拠り所と見なした。「青き清浄の地」における「平和」を「自然と人間の良い関係」に置き換え、「空気の違い」を「時代の違い」に置き換えて、「里山」は稲葉によって意味づけられた「青き清浄の地」に一致する。

ここで筆者は稲葉の「青き清浄の地」の内実の中から核心部分を抽出していることになるのだが、それは次のようにまとめられる。

「理想」の実現する場所が「実在」していることによって、その場所には「行けない」にも関わらず、倦むことなく「理想」を追求するための「礎」となる。

それが成り立つのが稲葉の「青き清浄の地」の条件の核心部分である、と見なした上で、それに「里山」が一致するとの結論に導かれる。

あるいは稲葉の表現を借りるならば、「里山」は宮崎が提案したと稲葉が受け止めている「新しいユートピア」に一致する。しかもフィクションではなく、実際に我々の生きているこの世界に実在する「新しいユートピア」である。

二　稲葉の「青き清浄の地」との差異

ここまで「里山」は「青き清浄の地」と見事に一致してきたが、稲葉の「青き清浄の地」にはまだ

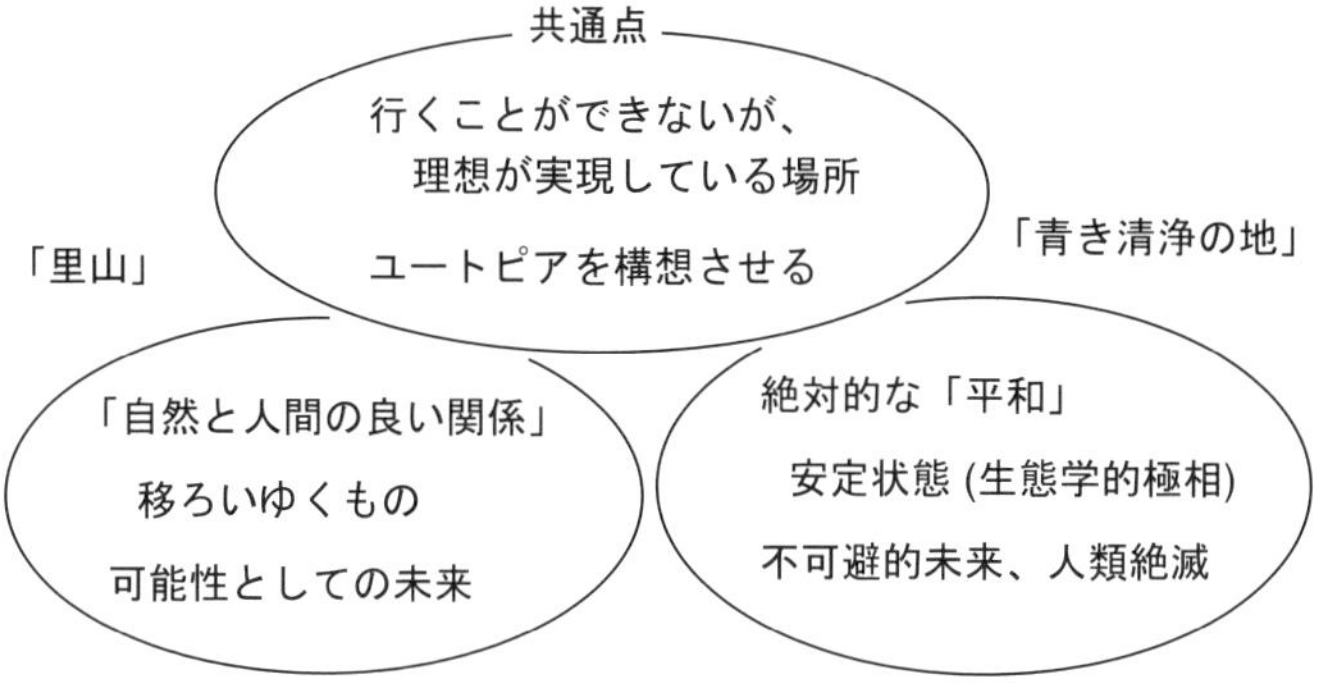

他にも重要な要素が備わっていて、「里山」にはそれが欠けている。「青き清浄の地」に残る要素を二つに分けて考えると、一つ目は、「青き清浄の地」に赴くことができないことの意味、二つ目は、「青き清浄の地」が好むと好まざると向こうからやってきてしまう点である。これらに焦点を当てて議論するのは、それが稲葉の「新しいユートピア」の本質で、残りは具体例としての「青き清浄の地」が持つ性質であると考える筆者の判断に基づく。

　稲葉の「青き清浄の地」と「里山」の差異を具体的に検討するのに先立って、この辺で共通点と相違点の全体像を概観してみたのが上の図である。本章を読み進むに当たって、混乱を解消するために利用して欲しい。両者の特質の中で、主要なものであると考えたものを列挙したが、その中で共通点として囲った部分に筆者は注目する。そこで今度は注目しなかった相違点の部分に焦点を当てることで、共通点の持つ本質を更に浮かび上がらせたいと考えている。

　次に具体的に述べるように、結論から言えば相違点の中にも一致させることが可能な要素を残している。しかしこれらについては一致を見ないままにして置きたい、という具合になるのだが、それを説明していきたい。

絶対性を持たせるか

まず一つ目の相違点であるが、稲葉は「青き清浄の地」に赴くことができないことを、単に呼吸できない以上に、もう一段深い意味に発展させて捉えているように思われる。現実の世界は一時的に平和が訪れても、それがいつまでも続くわけではなく、それどころか平和の時代が、平和の後に訪れる戦争の時代の準備にもなっている、という具合に厳しい見方をしている。それに対して「青き清浄の地」は絶対的、あるいは恒久的な平和の場所として位置づけられ、そこに赴くことは「人間であることを止めること」になると。平和の「絶対性」が、人間であることと相容れない。

こうした絶対性の内の幾分かは、「青き清浄の地」に対する生態学的位置づけによって保証されている。漫画の中で「青き清浄の地」が出現するのは、浄化プロセスと呼ばれる生態系の遷移を経て辿り着く一種の極相を表現している。生態系は極相に達した後はそれ以上の自発的変遷が起こらないので安定している。そういう意味での生態学的安定性を内在させている。

そうは言ってもこの議論は大幅に割り引く必要がある。現実の生態系が受ける攪乱は安定的なものではなく、常に変化して極相の継続を断ち切るばかりか、生物自身も長期的には変化していく。生態系の自発的変化がないという程度の準安定性からは超越した、絶対安定と言ってもよいようなところに稲葉の「青き清浄の地」は位置している。

これに「里山」を一致させせたいと思えば、先に「里山」の定義を再検討した際に、「自然と人間の良い関係」によってのみ定義しておいて、具体的な里山からは離れる代わりに、例えば「恒久的に維持される」のような「絶対性」を付加しておけば良かったのであるが、その隔たりを乗り越えるには、実は稲葉の「青き清浄の地」に対する考察と並行的に議論を進めるだけで十分である。『ナウシカ解読』が「呼吸できないこと」を「人間であることを止めること」に読み替えたのと同じ道を進むことで達せられる。と言うことは、今からでも遅くないことに気づく。

改めて稲葉の議論を検討してみると、「青き清浄の地」の場合でも絶対性を取りのけて考えれば、ナウシカにとっても一時的な平和ならば現実に実現し得る射程距離にある。その点は稲葉自身によって指摘され、それこそがナウシカが「青き清浄の地」の存在に支えられて、この世界に実現しようと試みるものであることが述べられている。一時的な平和とは、今の日本がその一例と言ってよいかもしれないし、既に終わってしまった江戸時代の平和もそういうものである。更にもっと短く儚い平和も含めて、ナウシカはそれを実現しようとするのだという。

翻って「青き清浄の地」は絶対的な平和の場所であるから、ナウシカにとって実現可能な範囲の外側にあって、そこに赴くことは「人間であることを止めること」に繋がる。そのような絶対性が「呼吸できないこと」以上の意味を持って、「人間であることを止める」即ち、根源的に赴くことができないことに結びつく。先ほどの引用箇所からすぐ後ろを続けて引用しよう。

戦争状態と関係のない場所は確かにあるのだ。しかし、人間にとってその「青き清浄の地」に赴くことは死ぬことでさえなく、人間であることを止めることである。

（文献[1]、185頁）

しかしながら漫画に戻って「呼吸できない」だけの意味で考えれば、かつて人類が成し得た技術を再度開発することできれば、あるいは少し妥協して、腐海の空気を吸うためのマスクに対応する「青き清浄の地」の空気を吸うマスクを開発できれば、それによって「青き清浄の地」に入っていくことが可能になるかもしれない。こうした可能性は腐海が全地球を覆うまでの時間的猶予の大きさとも関係するが、漫画の設定としてはナウシカの時代から更に千年単位の時間的猶予が残されている。我々が経験してきた現代文明の発展史はもっと短い時間尺度の間に劇的な展開を見せた。そうした技術発展の結果として人々が「青き清浄の地」の空気を呼吸できるようになる余地はある。公平に判断するならむしろその可能性の方が高いかも知れない。そのとき「青き清浄の地」はおそらく絶対の平和などではない。それは物語終盤におけるナウシカの台詞

その人達はなぜ気づかなかったのだろう　清浄と汚濁（おだく）こそ生命だということに
苦しみや悲劇やおろかさは清浄な世界でもなくなりはしない　それは人間の一部だから……

（文献[44]、7巻200頁）

にも現れている。絶対的な平和とか全く争うことのない人々というものは、人間存在のリアルな有り

様と本質的に相容れないのである。そして後から述べるように、それは人間以外の生物の有り様にもそぐわない。

実際に残された時間の中でナウシカたちは「青き清浄の地」の空気を呼吸する術を見つけられるのかどうか、それは不確実なことであるが、これはちょうど現代の我々が未来に新たな「自然と人間の良い関係」を期待することの不確実さと対応するものである。稲葉はこの「不確実」を「不可能」に置き換えた格好になっている。そこで「里山」の場合も同じ段取りを踏むことができる。つまり「不確実」を「不可能」に置き換えて、それに伴って絶対性を付加しておき、にも関わらず「そのような場所が確かにあるらしい」ことによって人間にユートピアを構想させる拠り所となる、と規定すれば、稲葉の「青き清浄の地」が持つ絶対性に関しても「里山」を一致させられるように思われる。

かくして「里山」は、最後に残った部分、つまり「人間の前に現れる」部分を除いて、主要部分で稲葉の「青き清浄の地」に一致させることが可能であるが、筆者は必ずしもそれを望んでいない。ひとつには稲葉の「青き清浄の地」が持つ峻烈な意味合いについていけないのであるが、もうひとつにはその峻烈さと対をなす「絶対的な平和」にリアリティーを感じないのである。注3 (p.150)

正確に言うならば、物語の解釈という意味においてであれば、稲葉のように「青き清浄の地」に絶対性を持たせる道にも筆者は魅力を感じている。次に述べるようにそれは少々無理をした解釈と言えなくもないが、このような方法で稲葉が構成した新しいユートピア論には、途中の細かな無理を容認させるだけの力があり、またそれに哲学的な価値が認められているのもうなずける。それにも関わらず筆者がここで稲葉の道から別れを告げようとするのは、現実の世界の存在である「里山」を考えているからである。そのときにはもはや「小さな無理」では済まされない。

ひとつ断っておくべきなのは、ここに述べた「青き清浄の地」の平和の不自然さは、必ずしも稲葉によって持ち込まれたものではない。もともと漫画『風の谷のナウシカ』自体の中で描かれている「青き清浄の地」に、人間から隔絶された平和の気配が漂っている。その「平和の気配」を稲葉は「絶対的な平和」として受け止めて、その前提の上に新しいユートピア論を構築した。

戦争状態への麻痺

それでは「青き清浄の地」の生態学的内実を検討してみよう。既に言及したように、もともと漫画の中での「青き清浄の地」は今我々が目にする自然生態系そのものだったことが分かる。それに「腐海」の生物たちが付け加わるが、それによって生態系の中での生物たちの関係までもが変化することはあり得ない。それは生態系の性質上避けられない帰結である。もし仮に変化してしまったのなら、その世界で現生生物たちは生存に適切な行動を取ることができないので、「青き清浄の地」の一員を構成することはできないはずだ。ならば今我々が目にしている自然生態系の中の生物たちは戦争から隔絶された「青き清浄の地」の平和な世界に生きているのか。答えは完全に否である。

むしろ彼らは戦争の外の世界を我々以上に知らないで、戦争状態を当然のこととして生きている。ゲーム理論による生態系解析[46]の中身を精査すれば、それが人間社会の構造と本質的に変わらないのを確認できるが、そうするまでもなく、生物たちが人間と同様の戦争の中に生きていることは、常識の範囲で容易に想像が付くのではないだろうか。そして何よりも稲葉が述べた「世界の現実、事実的な構造」が生き物の間の平和を許さない。[注4(p.150)]単純に地球が養う生物の絶対量が限られていることと、生物の増殖能力がその限界を超えるようにできていること、この二つの事実を考慮するだけでも十分である。そのときに生物が取る行動は、複数の生物による共同戦線まで含めた広い意味での戦いである。それが現実の生態系の構造である。

生態系を特別視して個体を歪曲して見る極端な立場には、ちょうど王蟲がそうであるように、生態系の健全な発展のために食われることを喜びとするような見方もあり得るが、現実の生物はそのようには振る舞わない。例えば羊を島に放ったときに、外敵がいなければ羊は島の生産力を超えて繁殖してしまい、島の生態系を破壊する。このときもし羊が生態系の健全性を望んで自らに産児制限を課すならば、生態系の破壊は免れるがそうはならない。その結果、彼らに残された選択肢には、外敵に食われるか、病死するか、餓死するか、それ以外にない。その中で外敵の狼が欠けただけで、羊の属する生態系は安定を失うのだから、もし本当に羊が生態系の安定を望んでいるのであれば、彼らは「私たちの増殖を制限される方法は、狼に食われる方法でなければならない。産児制限は拒否して、食われることを望みます」と考えているのでなければならない。仮にそうであるならば彼らは、わがままを優先しながらも一応は生態系の安定性を考えていることになるが、到底信じがたい話だと思うのではなかろうか。羊に限らず生物たちは、個々の個体の欲求に従って行動し、その欲求には生き続けることも子孫を過剰に増やすことも含まれている。それだけのことである。

昔から筆者は折に触れて昆虫などの小動物を飼育してきたが、雑食性のキリギリス類が他の昆虫を捕らえて食べる手順は、あたかも捕らえられた昆虫の苦しみを最小にするために配慮しているかのようである。それを見て「良くできているものだ」と嬉しく思った経験があるのだが、最終的な結論ではそういう好都合な解釈は否定される。

昆虫の神経は脊椎動物とは逆に腹側に通っているのだが、真っ先に神経節をずたずたに切断して、もがき苦しむことのないようにしてからゆっくり食べる。慎重に言えば、もがき苦しむ様子を見て我々が感じ取る「昆虫の苦しみ」の大きさが、必ずしも真実の苦しみの大きさを表している保証はなく、それどころか苦しみの大きさは、他生物はおろか人間同士でさえも客観的に比較しようとすると確実な尺度が存在しない。しかしここではその問題には深入りしないで、我々が見て感じる苦しみの大きさがそこそこ真実を反映しているものと信頼しておいて先に進もう。さて類縁種でも草食性の、例えばクツワムシがたまたま他の昆虫を食べる場合、それが起きるのは彼らがとりあえず手近な食べられるものを何でも食べてしまうからなのだが、その場合には神経節から食べるという方法を知らない。それだけに神経節から食べる行動には意味があって、肉食性を持つ昆虫に備わっているものと受け止められるのだが、この行動の目的は餌が受ける苦痛の低減などではなく、餌が動き続けると食べにくいから、動かないように神経節を最初に狙う、と見るのが正しいものと思われる。餌の苦しみが小さくなったとしても、それはこの場面だけの単なる幸運に過ぎないことが、他の昆虫の捕食行動を見ていくと分かる。

昆虫の中では分類学的に幾らか近いカマキリになると、捕らえた昆虫を食べる手順は全く異なる。もがこうが何しようが、前脚で押さえつけながら口の届く範囲で歯の立つ部位を見つけて、そこから食い破っていく。概して餌の背中から捕らえることになりやすいので、神経節を食べるのは後回しになりやすく、その間捕らえられた昆虫は脚をばたつかせながら苦しみ続けている。しかもカマキリの口は肉食昆虫の中でも特に小さいので、食い進むのに時間が掛かって酸鼻のショーは長く続く。こうしたカマキリの食べ方は逆の極端な例と言ってよいが、彼らに共通する行動規範は、食べる側の都合であって、食べられる者の苦しみの大小は顧慮されない。それがこの世界の掟である。

動物であっても人間のようにある程度以上の思考能力を持てば、餌となる生き物の苦しみを理解するかも知れない。逆に自分が死ぬ場合にも、自分の死に意味を持たせて考える可能性がある。科学者に限らず我々はついうっかり「科学的にそれはあり得ない」などと主張しがちであるが、それならば「人間は動物でない」と主張しているのと同じである。少なくとも人間という反例がある。そこでその反例が人間以外には存在しないとする根拠があるのかと言うとそうではなく、実はむしろ「人間的な行動原理の可能性を考慮しないで分析した場合を考える」行動学における暗黙の約束事にすぎない。その意味でこの約束事は科学的なのかも知れないが、結果的に真実を隠蔽する危険性をもたらしている。そんなわけで動物でも自己の死が無意味であって欲しくないと考える可能性が否定されないものと考えておくべきなのだが、その場合でも「死が避けられないならば」である。もし高度な思考力を持っていて生態系の健全性を理解するのであれば、死ぬ者にとってわずかばかりの慰めになるかも知れないが、そのために進んで死を求める者が多数を占めて生態系のバランスが保たれるというのは、現実離れした夢想と言えよう。個々の生物たちは自分が生き残る側になるために、最善を尽くして生存競争を戦っているのである。

実際のところは人間にとっても、生態系の健全性のような抽象概念はそれほど簡単に認識できる種類のものでない。ただしここで少し慎重になるべき理由はある。生態系概念は、現代の知識人が抱きがちな驕りによって「未開人には理解できない」などと勘違いしやすい概念のひとつであることが分かっている[47]ので、過ちを避けるためにある程度までは概念の難しさに対する評価を割り引いておく必要がある。しかしそうは言っても生態系概念はやはり抽象概念であるのに違いなく、例えばそれを指す適当な大和言葉がないという具合に、長らく人間にとっても不明瞭な把握に止まってきた。そんな状況から考えて、動物が生態系の健全性をぼんやりとであっても認識する可能性はかなり低いだろう。

現実の生態系が多様な生物の生存を支える理由は、個別の生物たちの行動に由来するというよりも、異なる生態系の間の競争、もう少し細かい単位で言えば生物群集間の競争において概して多様な生物を含む生物群集の方が優勢になるためであると理解されている。もちろんそのような生態系が成立することが生態系間競争の前に必要条件になるが、個別の生物間の相互作用において他者を殺さずに利用することが最大の利益となるような状況は容易に思いつく。それを再現するようなシミュレーションも成功しているので、こうした解釈が正しいものと考えてよいだろう。そうすれば、個々の生物たちは生態系のことを考えずに利己的に振る舞っていても、結果的に生態系が維持されるシステムとして、今の地球の生物世界を捉えることが可能である。

直観的には矛盾を感じる二つの事実、つまり生物集団全体を見て観察される多様な生物の共存と、個別の生物を見て観察される利己的な行動との間の不整合は、完全ではないかも知れないが主要な論理構成を構築するという学問の初期段階に関しては、ほぼ解決したと言って良い状況にある。そういうわけで生物たちは生態系のような抽象概念を理解する必要がない。また仮に彼らが生態系を認識したとしても、自己の生存への欲求に優先して死を選ぶことはまずないのだから、生態系のための自己犠牲を生物が喜びとするような方法で、生物たちの平安が達せられるとは想定すべきでない。

このようにして現実の生態系の中の生き物たちが平和を享受していないのであれば、「青き清浄の地」の生物たちも実際には平和を享受できていないはずである。論理的にはそのように帰結しなければならない。

こうした議論に対して、もしかしたら読者は微妙な違和感を感じるかもしれない。漫画『風の谷のナウシカ』が漫画であること、つまりフィクションであるために、現実の生態系の内実と一致するとの前提で見ることができないのではないか、との疑問が出てこよう。その点に触れておこう。確かに宮崎駿という作家は全ての科学法則に忠実に描くことはしないが、生態系の構造に関してはかなり正確な設定がなされている。

それは実は宮崎作品全般に言えることである。彼は若い時期には左翼思想に傾倒して、労働や分配などに興味を持っていたが、一九七〇年頃から生産を支える自然環境にも目を向ける必要を感じたという。彼の主要な作品として今日我々が思い浮かべるような長編アニメ群はほとんど全てその後のものである。彼はインタビューに答えて、

『ハイジ』なんかでも、高畑勲とはそういうことを散々話しあいながらやってきたんですよ。誰が食べ物を作って誰が食ってるかっていうこと。それから、アルプスの自然がどういうもので、そこの農業はどういうものだったかとかね。そういうことはまあ前から興味あったから、話してるうちにずいぶんそういうほうに傾斜していったんですよね。だから、誰がどういうふうに分けるかっていうだけじゃなくて、それが依存している自然の環境っていうか地球の状態っていうか、そういうものを抜きにして映画を作りたくないっていうね。（文献[48]、260頁）

と言っている。こうした宮崎の態度は、漫画『風の谷のナウシカ』における腐海の生態系のリアルさにも現れていて、不自然さを敢えて挙げるならば、植物の成長や生物進化の速度を速くして、目に見えるように表現されている。その点はエンターテイメントとして分かりやすいものにするための、意図的な創作の部分であろうが、逆にそうした理由がない部分では実によく現実世界を反映させている。

ある意味ではそのような腐海の表現が、いやでも腐海の置かれた立場に影響を与えてしまう。端的には映画のような結末、つまり「汚染を浄化する平和な生き物たちの世界」というような神聖視する

見方から、漫画の中の腐海は引きずり下ろされる。それが後（161頁）に述べる「腐海の生物の生き様の不自然さ」として顕在化することになる。一方「青き清浄の地」に関しては腐海の生態系の扱いとは違って、最後まで内実に入り込んで描かれることなく終わる。具体的に描かれないことで「青き清浄の地」は希望の場所であり続けられたと見ることもできる。

語られないことでかろうじて保たれる希望は、漫画に描かれなかった後の世界についても同じである。ナウシカは最後に

さあ　みんな　出発しましょう　どんなに苦しくとも（文献[44]、7巻223頁）

と語り、更に後日談に

この後、ナウシカは土鬼（ドルク）の地にとどまり、土鬼（ドルク）の人々と共に生きた。（文献[44]、7巻223頁）

と記されて、この物語の後の時代に土鬼国では、ナウシカの優れた治世が平安をもたらすかのような印象を与えて漫画は終わる。しかし冷静に考えてみると、荒廃して土地や家屋も失った人々を率いてナウシカに成し得ることは少ない。通常であれば落ち着きを取り戻すまでに多くの「ナウシカ」が、今の場合「ナウシカ」とは優れた為政者という意味だが、多くの「ナウシカ」が民の怒りに殺されなければならない。そんな現実を意識してしまうと、

土鬼(ドルク)の地がすべて失われたわけではありません　腐海のほとりに移り　そこで生きましょう
（文献[44]、6巻137頁）

というナウシカの言葉の裏にある現実味の希薄さ、おそらくはそれでは収まらないであろう厳しい現実に気づかされる。宮崎駿のいう「嘘をつきたくないけど、嘘が避けられない」の意味を噛みしめさせるようなナウシカの言葉でこの漫画は完結している。

そこで「青き清浄の地」の生き物たちとその生態系に関しても、そうした具体的内実に踏み込んで語り始めたのであれば、もはや「青き清浄の地」が絶対的な平和の気配を保ち続けるのは難しい。ここまでの議論を背景に、物語の中で「青き清浄の地」の内実が語られた場合を想定すれば、腐海の内実が変質を余儀なくされたのと同じように「青き清浄の地」も、現実の生態系の内実を裏切らないものに変質することが避けられなくなるものと推測されるのではなかろうか。

しかしながら確かに「戦争を行うのは人間だけで、互いに殺し合う生き物は他にいない」ともいう。この主張自体が既に事実から目をそむけていて、実際には同種の個体間で互いに殺し合う例は枚挙にいとまがない。だから事実を誤認しているのだが、その事実に反して、生物たちが平和であるかのように我々に見えているのは何故なのか。それに対する筆者なりの答えは逆説と呼ぶべきものである。実際には人間を含めて全ての生物は平和でないが、人間だけが平和の意味を理解して意識的にそれを希求したために、現実の戦争状態が人間だけに顕在化して見えているのである。そのように筆者は考えている。

　全ての人が保障されるべき人権の筆頭に生存権が挙げられる。人権問題に関する講演などで、生存権から始まる人権のリストについて聞く度に筆者は葛藤に胸を痛めるのであるが、本来的にこの世界は生存権さえ保障しない構造になっているからである。偶然にして現在の人類の状況では全ての人に生存権が保障できるための必要条件が整っているが、それは歴史的には稀な状況で、将来を考えてもそう長くは続かないことが予想される。現生人類が偶然に享受している稀な状況が人権概念を支えているのであれば、我々は人権概念を期間限定のものとして将来には忘れ去らなければならないのだろうか。そして人間以外の生物の立場で考えるときには、生存権を保障するような平和な状況が、彼らにとって思いもよらない発想であることは想像に難くない。「平和」は、生き物の中で人間だけが幸運にして知り得た「可能性としての存在」なのではないか。

　戦争の外を知らないことで、戦争状態にも関わらず心安らかでいつづけるなら、その平安は確実なものかもしれないが、それを以って彼らが平和の中にあると見なすならば、仮に不承不承そのような倒錯した立場が存在可能であることを認めたとしても、到底ユートピアを構想する礎にはなり得ないであろう。戦争状態に麻痺することは、そして戦争状態を無意識的に受け入れて、平和を希求することを思いも寄らない状態に身を置くことは、ユートピアの構想とは逆の方向に位置している。このような「戦争状態への麻痺による平安」を見たナウシカが、果たして本当にユートピアを構想するだろうか。これが稲葉の「青き清浄の地」の平和の内容であるとは考えられない。

稲葉は元から漫画の中の「青き清浄の地」に漂っていた「絶対的平和」の気配を哲学的推論の中に定着させた。それに対して筆者は大胆にも「その平和は、戦争状態への麻痺を平和と誤認したものではないか」と、疑問を呈しているのである。

現実の江戸社会

もう少し直観的に言えば、「峻烈さと平和」の絶対性が「現実にこの世界に存在する」ことと両立し難いのではないか、という筆者個人の感覚が根底にある。実際に「里山」は峻烈さも絶対平和も持ち合わせない。ただ「自然と人間の良い関係」という点においてのみ魅力的なのであって、それを実現させた社会構造には、負の面、例えば既に述べた「飢饉や疫病による人口抑制装置」[49]も、その構造の中に組み込まれていた。

江戸時代中頃のちょうど山の持続的利用が行われて「里山」が安定していた時期には、人口もほぼ一定に推移したことが分かっている。結果的に人口の安定と山の安定が連動していたのであるが、人口の安定が実現したのは、人々が自主的に産児制限をしたからではもちろんない。農村から都市への定常的な人口流入と、飢饉の時の都市下層民の伝染病による高死亡率、そして彼らの結婚への社会的障害によって人口増加が抑制されていた。確かに戦争はなかったが、不平等社会の中で弱者の犠牲のもとに成り立つ安定としての側面も併せ持っていた。

速水は江戸時代を対象にした歴史人口学の調査を続けて、その結果次のようなメカニズムを発見したと述べている。

小作層はたくさん奉公に出て、帰ってきて結婚するとしてもその年齢がかなり高い。だから小作層の場合、先ほど二十五歳までに結婚しないと十分な跡継ぎができないと述べたが、結婚するときの年齢はもうその線を越えてしまっていて、仮に結婚したとしても跡継ぎが十分にいないという状況に陥ってしまう。

（文献[49]、122頁）

小作層が都市へ行って、都市は死亡率がひじょうに高いからそこで死んでしまう。そして、そのあとを、あまり出稼ぎをしなかった地主や自作の分家が埋めていくということになっていた。

（同、124頁）

こうした過去の社会の構造を知りたいと思っても系統的な記録はほとんど残されていないため、歴史学の中でも政治の動きに比べてよく分からないことが多いのであるが、江戸時代であれば寺ごとに檀家の一覧を毎年作った「宗門改帳」を使って、人口の動態を丹念に調べることが可能である。調べた結果として浮かび上がってきたのが、前記のような人口維持機構である。江戸社会が何故人口を安定させることに成功したのか、その疑問に対する答えは、そうした丹念な資料の調査と整理、分析による研究から得られたもので、その結果分かったのは、都市下層民の高死亡率や彼らの結婚への社会的障害が人口を安定させていたのである。

現在の日本は均分相続を原則として、兄弟姉妹間の平等に価値を認めているが、実は社会を安定させるには江戸時代の本家相続の方が優れている。飢饉の時に先に死ぬべき者と生き残るべき者が予め決まっていて、争乱状態に陥らずに人口が削減され、争いによる田畑の荒廃も避けられる。

もし仮にこのような「死ぬべき者の選別」がもっとあからさまで死刑執行のようなものであったならば、当然異議申し立てが出てくるであろうが、死は確率的なもので、不運に飢饉が訪れたときに病に倒れる可能性が家柄や兄弟間で異なり、それを避けるための個人の努力が可能な範囲も存在したから、人々は各々が置かれた不平等な条件の中で貧困から這い上がろうとする。その努力の結果が実を結ばなかった者が、そして同時に運の悪かった者が病死していく。結果的に江戸の社会構造の中では、巧妙に隠蔽された形で「生と死の選別」が行われていたことになる。

これが江戸社会の安定のメカニズムであるが、だからと言ってここで筆者は平等を断念するつもりは毛頭ない。むしろ平等理念のような現代の価値観を維持しつつ、それと現実世界の間に整合を築きたいが故に、我々の生きている世界が本来的に持っている構造的な厳しさを、改めて認識するのである。平等理念や人権思想などの価値観は、生物として人間を見るならば実は不自然で多分に無理を含んだ目標なのであるが、それでも筆者はその無理を押し通したいと、強い願いを抱いている。

江戸時代は残念ながら現代の価値観に相容れない方法で、社会の安定と自然界の安定を獲得していた。このようにして実現された江戸時代の安定を表面的に捉えて「徳川三百年の平和」とも言われるが、それは戦争がないという意味での平和にすぎず、内実を見るならば人々はやはり犠牲になり苦しんでいた。それでも、恒久平和が実現できない世界構造の現実を見据えて、三百年の長きに亘って戦争のない社会が続いたことをプラスに評価しよう、と考える稲葉の態度には筆者も賛成である。その上で更に望ましい可能性として、現在の先進国で実現されているような、餓死や病死に依らない人口安定社会が地球規模で実現することを願っているのであるが、それが容易ならざることは後に述べたい。

一方生物たちについても、里山に限らず全ての生物たちは生きるために戦って他者を犠牲にすることを、生態系の構造上止めることができない。生物多様度が大きく、生物が豊かであるからと言ってそれが個々の生物たちに幸福をもたらすわけではない。これが現実に存在した里山の中身であり、人間も生物も平和ではなく問題を抱えていた。

では恒常性のようなものは存在したのかと言えば、そうでないからこそ今の時代に「里山」は消えていこうとしている。このような現実の里山から離れない限り、稲葉の「青き清浄の地」のような絶対性を「里山」に獲得させることはできない。

更に将来、仮に新たな「自然と人間の良い関係」が一時的にでも到来するとしても、それは人間を止めることには結びつかないはずである。結びつくのであれば、未来に「自然と人間の良い関係」が到来する可能性があってはならない。

このように「現実に存在する」ことと「絶対性」は両立しがたいと見る筆者のリアリティーは、実際の里山でも成り立っている。それは稲葉によって規定される以前の、漫画の文脈だけから読み取った「青き清浄の地」の生態学的内実についても言えることは既に述べた通りである。

逆にその両立しがたい要素を兼ね備えさせた点が、稲葉の「青き清浄の地」の面白さであり魅力であることは認めるのであるが、もしそうならば、やはり無理があって、絶対性を付与した時にリアリティーの方を落っことしてしまったのではないか。更に突っ込んで言えば、現実世界においてリアリティーは「実在」に直結しているのだから、「青き清浄の地」がユートピアを構想させる新しいユートピアであるための、本質的な必要条件をも脅かしかねない。筆者はそのような危惧を覚える。

向こうからやってくるか

二つ目の相違点について考える。やがて「青き清浄の地」が向こうからやってきて人間のなしうることを審問に付す、のと比べて「里山」はどうなっているのか。

これについては元より一致させる方法がないように思われる。「里山」に赴くことができない原因との間に直接の齟齬をもたらす。「里山」が過去の存在であることから、赴くことができないと帰結したのであるから、それが同時に回避不能な未来でもあるとするのは非常に無理がある。

稲葉の「青き清浄の地」が向こうからやってくるのは、どうしてそんなことが可能になっているのか、それは既に考えた「青き清浄の地」の空気と汚染適応型人間の肺の間の隔絶に支えられている。これがそれ程確実なものではないのではないか、と議論してきたが、もし確実なものであるとするならば、「青き清浄の地」は汚染適応型人間とは完全に別世界の存在として、汚染適応型人間の生きる余地を奪いながら拡大していく。それが、向こうからやってきて人間のなしうることを審問に付す、ということの中身であり、物語の中で具体的に将来予測される事態である。

漫画に沿って考えれば、かつて人間はむしろ汚染大気を呼吸することができず、「青き清浄の地」の大気を呼吸していた。人間の行為が原因で大気が汚染され、その汚染した空気を呼吸する必要から、人間は自らの肺を加工して、周りの生物たちの肺も加工して、新しい汚染大気に順応しようとした。その時点よりも前の段階で考えた場合に、過去の人間が絶対平和の中に生きていた、とするのは如何にもリアリティーを欠くので、人間だけが平和でなかった、とするのが最善であろうが、それが現実離れしていることはこれまでに述べてきた。

この点を稲葉が問題視しない理由を、汚染適応型人間とその祖先である過去の人間の間に設けた決定的な境界線に求めることも可能である。直接に稲葉はこの点に言及していないから、あくまで解釈の可能性のひとつであるが、もし汚染適応型人間だけをリアルな人間と見なして、過去の人間を架空の存在に止め置くならば、過去の人間が平和であったか否かを問題にする必要がなくなる。

結局のところ「青き清浄の地」の空気は、汚染適応型人間にとってはかつて祖先が呼吸していたものであるから、そのつながりの中で漫画『風の谷のナウシカ』を読み解こうとすると、「青き清浄の地」が本当に人間から隔絶されたものであり続けるのかどうか、位置づけが揺らいでくる。

人間から隔絶した絶対平和の存在でなくなった場合には、「青き清浄の地」が向こうからやってくることの意味は大きく変化して、もはや人間のなしうることを審問に付すような存在ではなくなる。従って稲葉のユートピア論の中では、「青き清浄の地」が「向こうからやってくる」ことの本質的意味は、「青き清浄の地」の持つ絶対性と深く結びついていて、絶対性が不可欠な構造になっている。

こうした事情を考えるならば、前項で「里山」に稲葉の「青き清浄の地」のような絶対性を付与しなかった時点で既に、「向こうからやってくる」ことについての一致を見ることにも、意味が失われている。とは言え、最初に述べたように「里山」の場合、もっと積極的に、未来に回避不能な形で現れるべきでない、と考えられる理由があった。過去であるが故に行くことができない、こととの間に生じる不整合である。

そのようなわけでこれ以上先には稲葉の「青き清浄の地」に沿った道を進まないで、ここまでの議論をもって、本書で構想した新しい里山論の終着点としたい。まとめると「青き清浄の地」との一致点は、理想と実在の両立、更にそれによって発揮される「新しいユートピア」としての特質であり、不一致は理想の絶対性、それと向こうからやってくることである。

この中で一致点の方が稲葉の「青き清浄の地」の核心部分であると見たい。この場合の核心部分とは、これ以上は何かひとつそぎ落としただけでもはや新しいユートピアとしての意味を全て失うような必須要件である。稲葉の「青き清浄の地」を筆者なりに解釈して、今の場合の一致点の方に必須要件があると見ている。そこでまとめると、

現実に「里山」自体に到達することは不可能だが、時を隔てて確かに存在することで、未来に「自然と人間の良い関係」を期待して求めるための拠り所となる。その点において稲葉によって意味づ

けられた「青き清浄の地」と「里山」は一致している。

架空の物語である漫画『風の谷のナウシカ』に対して分析されて、物語の中で意味づけられた稲葉振一郎の「青き清浄の地」に、現実世界での対応物を見いだしたことになる。「青き清浄の地」がユートピアを人間に構想させるユートピアであること、つまり「新しいユートピア」であることには、その前提に「青き清浄の地」が物語の中で実在することが必要だった。その実在が物語の中ではなく、実世界の実在に置き換わることの意味は大きい。

実世界の実在に置き換わるには、これまでに論じたように絶対性を付与しない道を選んだことが重要で、それが必要不可欠なのかもしれない、というのが現時点での筆者の直観である。すると実世界での儚い平和について、それが「平和を構想させるユートピア」たり得るか、疑問が生じるかもしれない。それにも関わらず「里山」が「青き清浄の地」として機能するのは、現在の我々が「自然と人間の良い関係」を見失っているからである。それはちょうどナウシカが「愛する者の姿」を見失ったように、現在の私たちは「自然の姿」を見失って、「人間は自然に弊害でしかない」と思い込んでいる。従って今我々が置かれた状況は、稲葉が分析したナウシカの経験そのものである。

ナウシカは戦争が避けがたい世界の構造を見いだして絶望した。もし完全に戦争が避けられないものであるのなら、平和を求めて戦争を止めようとする彼女の願いを実現しようとすることは、愚かで無意味であるばかりか、時には他の意味ある活動を妨害する迷惑行為として否定される。それと同じように「自然に弊害である」ことが人間の性質上避けられないとするなら、そこには絶望しかない。今の人類は「自然の姿」を見失って、自然に対する人間の悪影響を人間の本質であると思い込んでいるので、「自然と人間の良い関係」を「里山」の中に再発見しなければならなくなっている。

こうした今の時代の絶望を誘うような状況が背景にあって、注5（p.150）「里山」を実世界の中で実在する「青き清浄の地」へと、即ち、希望を見失わないためのリアルで具体的な根拠へと昇華するのである。

三　新しい環境思想

ここまで展開してきた里山論は既存の環境思想の中でどのように位置づけられるのだろうか。そのような興味から、里山を絡めた環境倫理学について調べてみた。環境倫理学は生態学以上に筆者の専門から遠いので、情報収集の範囲が限られることになるが、その中から判断する限り、既存の環境思想の枠組みで捉えることが難しく、それどころか既存の環境思想の大多数に対して再構成を迫るものである、との判断に達する。仮にそうであるならば、本書の里山論は高い独自性を持ち、学術的創造性も十分に備えることになる。

ここではそのように判断される理由を記すことにするが、それが適切か否か、筆者が集めた書物以外にも、独自の視点から展開された環境倫理学が存在するかもしれない。徹底的に調べ上げたと言うわけではないので、その点は留意しておいて欲しい。

里山論の定式化

まず最初にここまでに述べた里山論の特質を整理しておかなければならない。その特質を既存の環境思想と比較することにしよう。思想的側面に焦点を当てながら、次のように本書の里山論を整理した。

第一章は里山の生物多様性を論じたものだった。類似した内容はあちらこちらに見られるから、これだけでは強い独自性を主張するようなものではない。現在世間から注目されつつあるような新しい生態学的知見をまとめたことになっていて、その論理的基盤を議論している。これを第二章以下に繋げていくところに本書の特徴がある。そこで第一章で念頭に置くべき特徴は「新しい生態学的知見を踏まえた」こと、そして「生物多様度のような科学的指標を利用して、客観的に里山生態系と自然生態系を比較している」ことである。

第二章の第一節ではまず里山保護活動の問題点を検討している。とりわけ保護活動が内在的に抱える思想的矛盾に踏み込んで、「里山は原理的に保護の対象になり得ない」点を指摘している。その理由は人間活動が保護対象に入り込んでしまったことにあった。保護の行為者が、元々は存在しなかったはずの保護対象を自ら作り出して、その造作物の保護へと突き進むという構図が浮かび上がった。

次の第二節で提案したのは、自然に対して向けられてきた従来の価値観を翻すことだった。従来は無批判に「人間の関与が少ない自然」に価値を認めてきた。「手つかずの大自然」に価値を認めるような態度であるが、そのような価値観の下では里山生態系は自然生態系に劣ることが前提条件となり、

「生物多様度も自然生態系の方が高いはず」との臆見に基づいて生態学的調査も進められてきた。ところが実際には予想と異なっているらしいことが判明しつつある。そこで本書では「生物多様性の大きさ」に価値基準を切り替えるように提案している。

第二章で最後に論じたのは、新しい「里山」の位置づけについてであった。里山からかつて人間が得ていた恩恵に着目して、「里山」は自然と人間とが相互に利益を得る関係、即ち「自然と人間の良い関係」であると規定した。人間の自然への影響は、悪い影響によってではなく、影響力の大きさで特徴付けられるので、現在のように大きなマイナスの影響があり得ると同時に、「里山」のように大きなプラスの影響も可能である。

第三章では「里山」への私たちの態度を考えている。既に得た「保護し得ない」との結論に加えて、そこに「自然と人間の良い関係」があったことの発見が、「里山」への憧れを呼び起こす。歴史上の過去にあって今は消えていこうとする里山に行くことはできないのであるが、それを稲葉の新しいユートピア、即ち「青き清浄の地」と見るように提案している。宮崎駿の漫画『風の谷のナウシカ』に出てくる「青き清浄の地」を稲葉は分析して、実在する理想であるけれども行く手立てがないユートピアの存在に支えられて、ナウシカが「実世界に理想を実現しよう」とする礎と見た。このナウシカと同じような態度を我々は「里山」にとるべきだ、というのが本書全体の結論である。

これらを更に整理して箇条書きにしてみよう。

(1)「自然と人間の良い関係」の発見
(a) 生物多様度を生態系への新しい価値基準に
(b) 臆見「人間の利益と自然環境保全の本来的相反」の解消
(2)「青き清浄の地」としての里山

これらの特質が全て備わった環境思想が過去に提案されているとは想像しにくいが、もし部分的にでも共通するものが見つかれば、それを手がかりに本書の内容を既存の環境思想の流れの中で位置づけることが可能になるだろう。

環境思想の概観

環境問題が叫ばれるようになってから、環境を考えた上でどのように人類が行動するべきか、倫理学的課題と見る観点からの議論が積み重ねられている。複数の倫理的立場が存在して互いに論戦を戦わせる状況にあるが、それらの多数の環境思想を満遍なく列挙して、相互の関係に注目して整理しようとした試みも存在する。既存の環境思想を概観するのには好都合である。

海上知明は自身の研究の出発点において、様々な環境思想の時として相互に矛盾する内容に戸惑ったという。その混乱を解消する目的で、提唱されている数多くの環境思想を系統的にまとめた。それが『環境思想 歴史と体系』[43]である。前半が歴史的概観に割かれ、後半で系統的整理が行われている。

彼は第一章の最初に

環境問題の起源とは何なのだろうか？　人間の登場そのものが環境問題の発生であるという説が根強い。環境問題の本質とは、周囲の自然を変えていくことであるが、人間の特徴とされているのが、周囲の環境を変える力なのである。（文献[43]、4頁）

のように述べているのだが、これはとりもなおさず、かの「人間の存在は自然環境に弊害でしかない」という思想そのものの表明でもある。こうした基本線の上に環境思想に対する系統分類を行っているため、海上の系統分類には本書で展開した里山論の居場所が最初から準備されていない。

最初に掲げられた系統図[43]で、まず最初の分岐として「現状肯定」の「テクノセントリズム」と「急進的」な「エコセントリズム」に分けられ、各々の枝の中で更に細かく分かれる分岐も「現状肯定」と「急進的」の座標軸によって位置づけられて、最も「現状肯定」なものを辿ると、「テクノセントリズム→豊穣主義→市場重視」のようになる。ここで「テクノセントリズム」の行動規範は本質的に人間中心主義であり、「テクノ」から想像されるような科学技術を意味するわけではないと解すべきもののようである。このように「テクノセントリズム」と「エコセントリズム」によって分類する方法はペッパーの著書[50]から得た指針であった、と彼は述べているが、その指針の基盤は本書の里山論による評定を経た後では無効化されている。

本書で述べたのはむしろ「自然保護と人間活動の二者択一論の否定」であった。「里山」では両者が協調的関係にあったのだから、この二項対立図式には普遍性がない。この二つを最初から正反対の位置に置いて分類する海上の方法は、分類基盤そのものが本書の否定するところである。少し踏み込んで言うならば、こうした海上の分類方法が有効である事実が、本書の里山論の革新性を暗示するのかも知れない。本書のような考え方が海上の整理の中に入ってきたならば、彼は分類方法の再検討を迫られていたに違いないのだから、彼の収集作業を信用する限り「先駆的思想は存在しない」と言うことができる。逆説的に言えば海上の整理は、自然と人間の利益相反の問題に終始向き合っていて、本書のテーマを生み出す源流として適っている。

次に『環境思想の系譜』[3]は三分冊からなる書物で、海外の著名な著作を集めて訳出したものである。従って複数の環境思想の相互関係を読み解くには、著作の配置の順序や編者による解説を見ることになる。第一巻の副題は『環境思想の出現』とされ、第一部では環境思想の出現だけでなく、環境破壊のルーツも論じられて階級社会の出現やキリスト教の教義などが検討される。第二部では環境悪化と共に改善にも資する科学技術の役割を念頭に、あるべき科学技術のの姿が議論される。

第二巻副題は『環境思想と社会』で、構成としては第一部から順に「政治と環境思想」「経済パラダイムの再考」「社会派エコロジーの思想」となっているが、この第一部と第二部の論点は幾らか海上の整理に近いかも知れない。第三部の社会派エコロジーについて少し述べておきたい。同じことが第三巻第三部のエコフェミニズムにも言えるのだが、これらの環境思想の文脈の中でしばしば展開される主張によると、人間社会における弱者への抑圧が自然への搾取という形で現れていて、これらは同根であるから環境問題の解決には人間社会における弱者解放が不可欠である。

それに対して本書で展開した里山論の帰結は鋭利な反証として作用することに気づく。里山生態系を支えた江戸社会は組織的に構造化された階級社会であるし、性別による不平等も著しいものだったと認識されている。従って彼らの主張の通りであるとすれば、江戸時代の里山も人間による搾取によって自然が荒廃していなければならない。ところが本書で明らかにしたのはその逆で、里山の自然の豊かさが人間の関与によって実現した。

一般論として反例の重大性は命題の主張する内容に依存する部分もあるし、今の場合には人間社会での解放を必要条件とするだけでなく十分条件とする主張も見られる。もし逆命題への反例、つまり「自然に対して抑圧的なのに人間同士が平等な社会」が存在する場合なら十分条件であることが否定されるにとどまる。ところが「里山」は必要条件に対する反例になっていて、「環境問題の解決に人間社会の平等は不要である」ことを意味し、ソーシャルエコロジーやエコフェミニズムにとって最も深刻な種類の反例であることが分かる。

先にも述べたように社会における公平性を筆者は求めたいと思うが、それがそのまま環境問題の解決につながる、との期待を持つのはいささか素朴に過ぎるのではないだろうか。類似した関係性が人間対人間と自然対人間の両方の局面に現れ、更にその人類史的な起源が同時期に始まっているのは確かに事実かも知れないが、そこから慎重に吟味することなく結論を急いだのが失敗の原因である。繰り返しになるが筆者の立場を述べておく。自然に対する人間の関わり方と人間同士の公平性は独立した問題として、どちらも解決することを目指したい。

さて第三部の『環境思想の多様な展開』であるが、ここには「環境と倫理」「ディープ・エコロジー」と自然観の変革」「エコロジーと女性――エコフェミニズム」「宗教・芸術と環境観」「日常生活と環境」が収められている。種々雑多な印象はぬぐえないが、第一部の「環境倫理」で扱われている内容には本書との接点が多い。

ここには六つの論説が収録されているが、動物の権利を擁護する立場からのものが、最初に収録されたトム・レーガンと最後のマイケル・W・フォックスのものである。それに対してアルド・レオポルドとJ・B・キャリコットの考え方は、個体としての動物でなく全体としての自然を保護することを指向している。キャリコットが強調するように、二つの倫理学は印象以上に相容れない路線である。それに当てはめれば本書の里山論は自然への価値判断基準に生物多様性を採用してきたのだから、一次的にはレオポルドやキャリコットの路線に沿うものである。

レオポルドの「土地倫理」の概念は自然科学での生態系概念と似通ったものであるが、生態系概念が価値判断から距離を置く自然科学の中で発展を遂げたのに対して、土地倫理は逆に積極的に価値判断にアクセスして、それによって抱えた全体主義の困難を見るときに、倫理学の枠組みが持つ限界のようなものを覚える。人間の権利を基礎として構成された倫理学の枠組みが、個体としての動物の権利に比べて、生態系全体を持てあまし気味だとしても不思議ではない。全生物に人間と同等の権利を認めれば生態系が成り立たないことは、科学的に見て自明のことであり、逆に科学的に可能なものは生態系の規範に人間の方が従うような方法、端的には他者の生命を奪う権利があるような倫理学、言い換えれば反倫理とでもいうべきような代物である。

里山生態系の分析を通じて改めて全体主義の問題を見直すと、困難が本書の文脈においては解消していることに気づく。潜在的には困難があることに変わりないのであるが、本書では「里山」を来るべき新たな「自然と人間の良い関係」を希求する礎と見なすことにした。それは自然のために人間が犠牲になることを主張する全体主義ではないし、だからと言って人間のために自然を犠牲にすることを是としたわけでもない。こうした可能性を切り開いたのが本書の成果と言えまいか。

残る二編のうちポール・W・テイラーの生命中心主義は権利論的発想から離れて、精神的態度において「自然への尊重」の信念を宣言する。精神的態度に目を向ける点では本書と通じる部分があるが、彼は自然科学的知見に根ざしたのではなく、道徳的姿勢として信念が示され、その姿勢の具体的中身も全く異なる。

精神的態度に目を向ける点では第二部のディープ・エコロジーも共通するが、彼らは個人の体験を通じた内面の変革を重視し、それが環境問題の解決に繋がるとして活動している。解決に繋がるか否か、その真実性は本来であれば科学的に判定され得る事柄であるから、少なくとも筆者であれば避けるような種類の論理的飛躍である。

最後にラマチャンドラ・グーハの論考はインドの状況を下敷きにして、原生自然の保存を唱える西洋思想への批判を展開する。ここで指摘されるインドの自然環境は我が国における里山の生態学的実情と極めてよく似ており、本書の前半部分を環境倫理学の発展史的側面から基礎づける。

里山の倫理学

そこで今度は里山に着目した環境倫理を探してみた。里山の現状や保全の取組に関する報告に比べて、里山を倫理学的見地から論考したものは多いとは言えないが、グーハの指摘と同様のものが里山の自然に関してもなされてきた。

丸山徳次は龍谷大学における学際的な里山研究をまとめた『里山学のまなざし』[51]の序章の中で、まず自然と人間を最初から二元論的に区別して「人間中心主義」に対する「人間非中心主義」を要求するアメリカ型の環境倫理学を批判する。その上で里山の特徴である人の手が入った自然に関して、「文化としての自然」と規定することで、里山を国際的な概念としての「文化的景観」の土俵に上げることを試みている。

同様に里山を意識して、自然と人間の二分法とそれに伴う二項対立図式への批判を展開するものとしては、鬼頭秀一の『自然保護の問いなおす』[5]が早い時期に深く追及した労作である。構成は第一章が欧米における環境思想の歴史的展望、第二章で新しい環境思想の構築へと進み、最後に第三章で具体例としての白神山地の保護管理が検討される。

そこで核心部分である第二章を見ていこう。まず最初に欧米の環境思想の中で中心的役割を担う「原生自然」の概念が成立する歴史的文化的文脈を論じて、かつて否定的イメージだった「ウィルダネス」が特にアメリカにおいてフロンティアの消滅などを通じてポジティブなものに転換した背景を見いだす。こうした「原生自然」概念のルーツから考えて、「ウィルダネス」に普遍的価値を持たせようとすることに限界のあることを指摘する。先に見たグーハの指摘を参照して鬼頭は「生業」の重要性へと論を進める。

> 人間の生が自然とのかかわりの中にしかありえず、しかも、人間の自然とのかかわりの一番基本的な形がそのような「生業」の営みであるにもかかわらず、その問題を、人間中心主義か人間非中心主義かという、人間と自然を対置させた二分法の図式でしか捉えきれなかったところにその根底的な問題がある。
>
> (文献[5]、119頁)

新たな環境倫理思想において彼は、自然も人間も相互規定されたものとして関係性によって捉えようとする。彼の批判はその関係性の部分を切り出すことに向けられ、自然との関係の全体性を取り戻すことを求めている。全体性の中身が「リンクのネットワークをつなぐ」と表現されるのであるが、分かりやすい例として、鶏を食べるだけでなくその前に鶏を屠殺することから始める教育実践が紹介されている。

この「リンクのネットワーク」の概念を通じて「自然」を「人間と自然的環境との関わりという、関係性のシステムすなわち、さまざまなリンクのネットワークの相対の中で客観的な対象として立ち現れるもの」と再定義して、これは「風土」と呼ばれてきたものと近いと述べている。その結果、自然環境を守る目的は「多様な風土と文化を保証する母体」としての自然を守ることになる。

それでは本書の里山論との違いを見ていこう。似ているような印象を持つのであるが、共通点は125頁にまとめた箇条書きで見ると(1)–(b)だけであることに気づく。自然を人間と対立的に捉えることへの批判は共通するものの、生物多様性に意識を向けることによってではなく、現実の里山で両者が不可分な関係にある現実を受けての批判論である。当然ながら、それだけでは里山の自然を保護する理由にはならず、里山の自然と不可分な人間の文化に価値を見いだすことが必要で、もっと単刀直入に言えば「文化によって自然との多様な関わり方が存在することを認めよ」という主張に通じる。

彼は里山生態系の生物多様性に注目しなかった結果、里山に「自然と人間の良い関係」を発見することもない。「自然と人間の良い関係」は本書の根幹となる概念で、その積極性に勇気づけられることで「青き清浄の地」へと話が展開するのである。そうした積極性も鬼頭には見られない。その辺に里山生態系を詳細には分析しなかったことの限界が現れている。

しかしながら鬼頭は間違いなく我が国の環境倫理学に新しい視点を引き入れて、その後に大きな影響を与えているようである。白水[52]は哲学の有用性を追求する「環境プラグマティズム」の流れの中で日本の里山とそれに対する鬼頭の議論を捉えようとしている。最近では鬼頭自身が旧来の「人間対自然」のような環境倫理学の殻を破ろうとする多くの論者を集めて、編集者としてまとめることもしている[53]。

だとするならば本書の里山論は、これまで鬼頭から始まってきた環境倫理学の新しい流れに対して、自然科学的な裏付けを与えた部分に意味があるのではないか。これまでは自然と人間が不可分な地域で、対症療法的に新しい環境倫理学の枠組みが模索されてきたが、こうした地域が存在することの科学的背景とその論理構造が明らかになることで、今度は逆に古い環境倫理学は有効性が厳しく制限されることになる。

もうひとつ本書が鬼頭以上に達成したもの、つまり「自然と人間の良い関係」の積極性に関しては、いくらか分析が必要である。そもそも鬼頭は「自然」と「人間」を関係性によって捉えようとして、自然の本来的価値を考えることを放棄している。それは価値論に踏み込んだときの困難を考えてのことであるが、鬼頭と違って筆者はその困難を特に検討することもなく、素朴に生物多様性に価値を置いた議論を展開した。その段階で鬼頭とは根本的に違った方向に進み始めている。煩瑣な「自然の価値」の議論に足を踏み入れたとしても、何か意味のある結論を得て戻ってくることが難しいこと、それが筆者がこの議論を避けた理由である。様々な著作物を引用して議論を展開し、長い堂々巡りの末に何か結論を得たような顔をしてみせることは可能かも知れないが、そういう具合に読者を煙に巻くのでもない限り、結局最後には自分の立場を宣言するような方法でこの問題に決着を付けるほかない。もしそうであるならば、議論に深入りせずに最初から自分の立場を宣言した方が潔い。そんな具合に考えている。

従って「自然の価値」を考えることにも、逆に考えないことにも特段の根拠はない。それにも関わらず本書で、生物多様度で測ることのできる「自然の価値」を考える立場を選んだのはなぜか、それはそう考えてみた結果の「自然と人間の良い関係」の積極性そのものである。「とりあえずこのように考えてみて先に進んでみましょう。そうすれば、ほらこの通り、すばらしい果実が得られるのです」と、そのことを提示したいと考えてのことである。哲学的な価値論の問題は放置したままであるが、それに明確な結論が期待できない限り、ここで深入りする事柄ではないのである。

従って「自然の価値」論に深入りしない点では鬼頭も同じ立場をとっているとも言えるのだが、彼の場合は別の場所に本来的価値を認めた格好になっている。つまり「人間の文化には本来的価値がある」と。自然に価値を認めるよりも文化の方が人間に近い場所に位置するので、価値論の面倒が少ないと考えたのかもしれないが、一度価値論に足を踏み入れてしまうと状況には大差がないのではないだろうか。例えば文化の多様性に注目する最近の流れは本書で注目した生物多様性とほぼ同じ視点であるし、文化に対して本来的価値が認められた結果、保護が義務化されるような事態は、自然の保護よりも遙かに弊害が大きい。文化は時代とともに変化していく、そうした本来的性質を持つことを受け入れなければならない。

だとするならば鬼頭は時代も地域も限定した上で、今現在の各地域での文化的実情に合わせて「それに必要な自然環境も維持する必要がある」と述べたにすぎないのだろうか。文化が変化すれば自然の必要性も失われる。里山の文化は現在消滅する方向にあるのだから、里山生態系の価値も将来的には消失して、里山の自然は「当面の間だけ維持すればよい」ことになってしまうのではないか。これは鬼頭が選んだ価値の構成方法に起因する避けがたい帰結のように思われる。

価値論に困難があるという点については同意見だが、鬼頭の譲歩は批判への備えではさしたる改善がないにも関わらず、得ることのできる果実があからさまに小さくなって、魅力に乏しいように筆者には思える。

四　回避不能な未来

話の本筋からは外れるが、ここでもう少し話題を広げて、別の意味で「向こうからやって来てしまいかねない里山」に関して言及しておきたい。今の世界の状況を分析していくと、近い将来には「里山」的社会構造が負の面まで含めて再来せざるを得ない、と捉えることも可能なように見えるからである。それはもちろん部分的な意味で「里山」の要素を持つ社会のなのだが、次に分析していくように決して魅力的とは言い難い。

里山的生産構造の不可避的再来

日本で里山が後退して自然林が復活した背景に化石燃料の使用があったことは既に述べた。その化石燃料が枯渇しつつあることは周知のことである。枯渇までの年数に関する議論の迷走が真剣な議論を妨げる状況だが、本腰入れて調べてみると実は、可採年数などの指標はそれだけでは結論を導くことができず、むしろ産油国のスタンスの変化とか、間接的な情報に重きを置いて判断した方がよい。

検討過程の詳細は省くが、種々の不定性を確率分布で表した時の石油生産量のピークは、一〇年先かせいぜい二〇年先といった辺りが期待値である。枯渇自体は永久に訪れないが、減産に転じたときからすぐに次の手立てに移行しなければならない。その時までに適当な解決策を用意できておらず、結果的に化石燃料枯渇がバイオマスへのエネルギー依存を我々に強いるのならば、それは里山的な社会構造に回帰することを意味する。

昨今バイオマスと言えば、希望の響きとともに「未来のエネルギー」みたいに言われているから、「望まざるバイオマス依存社会」という発想が理解されにくいかもしれない。バイオマスが人類の必要を満たすほどのエネルギー資源でないことは、この後でもう一度検証しようと思うが、今問題にしているのはそういう意味ではなく、「石油がなくなって他に燃やす燃料がないから、山の木を切って薪にしよう」というような事態である。実際に今突然石油や石炭がなくなったとして、バイオマスの他に燃料の調達方法があるだろうか。それがないから途上国の半乾燥地域では、植物が燃料として切られて砂漠化が進行している。その状態が世界全体に広がっていく危険性を考えている。

その場合には「飢餓と疫病による人口抑制装置」も伴った再来だと予測している。日本人の出生率低下の背景として、子供の養育にかかる労力が主因であるとも言われているが、それならば次のように考えられよう。かつて中・近世には子供は働き手であった。それが農作業の機械化によって子供が農業生産活動から閉め出され、養育に費用がかかるだけの存在に変化した。それが現在だとして、この先化石燃料からバイオマスへの回帰が起きれば、このような子供の立場も元に戻す作用を発揮する。

即ち人々に多産を望ませる社会構造が、バイオマス利用に連動する。それが過剰な出生率と、望まざる人口抑制を引き起こす。それを防止する社会としての仕掛けは様々考案できようが、その前にもっと深刻な問題に目を向けなければならない。

過大な人口

大地のバイオマス生産量は大雑把には定まっていて、それから大きく外れることはできない。環境歴史学の常道[54]に従って言えば、その推計値は大雑把に「日本の国土は江戸時代の生産方法では江戸時代の人口を支える程度の生産量を持つ」ことを意味する。常に人口増加圧が作用し続けるため、どのような社会であっても生存可能人口に高止まりした飽和状態のまま推移するのである。産業革命によって生存可能人口が増えた影響をまだ脱していない現在の状況はむしろ例外で、歴史上のほとんどの時代は当時の人口がそのまま生存可能人口であり続けた。

先ほど検討した江戸社会の人口維持機構を考えれば、このような推論方法は妥当であると言えよう。大地の生産力を持続的な範囲で利用したときに、その条件下で実現した人口が江戸時代の人口であり、その当時は繰り返し人口が増えてはその都度飢饉と疫病によって、適正人口まで望まざる人口削減を強いられてきた。逆に江戸時代末期から明治にかけて大地の持続的利用システムが崩れたときに人口が増加している。このことが意味するのは、江戸時代半ばの人口安定期の人口が日本の国土の生産するバイオマスで持続的に扶養できる人口であることに他ならない。

翻って今の日本の人口は江戸時代の数倍にもなっている。世界人口についても当時の数倍である。化石燃料と鉱物資源から生産される化学肥料と農薬の、無制限な利用を前提とした今の生産方式を、昔の緑肥による生産方法に戻すには、現在の人口はあまりにも過大である。この過大な人口を支えているのが化石燃料や鉱物資源などの地下資源なのであるが、日本の山の様子を見たのではその本質が見えてこない。

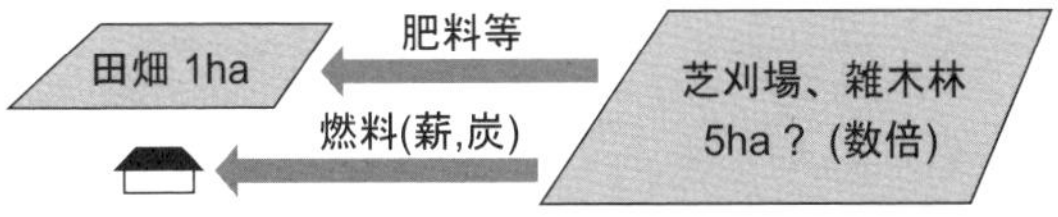

燃料や肥料などのために田畑より広い土地が必要

　日本の国土には急峻で田畑の造成に適さない土地が多いために、そのような場所はかつて芝刈場や雑木林として利用してきた。これが緑肥や燃料の生産に貢献してきた部分であるが、現在はそれを放置していることが原因で、里山生態系が自然生態系に遷移していくことになって里山の危機を招来している。それが本書のテーマに直結しているわけだが、世界的に見ると状況は異なる。

　世界の多くの地域でかつて維持する必要のあった柴刈り場や雑木林に相当する部分は、地下資源の利用で必要がなくなったときに、放置ではなく畑に転用されていった。むしろ逆にヨーロッパにおける産業革命時代の生産構造の変化を、人口増加圧に対する対応策として捉える見方もある。即ち、限られた土地で多くの人口を養う方策として、地下資源の利用に足を踏み入れた、というのである。そのような見方が成り立つ根拠として、石炭が当初は粗悪な代替燃料と位置づけられていたことが指摘されよう。

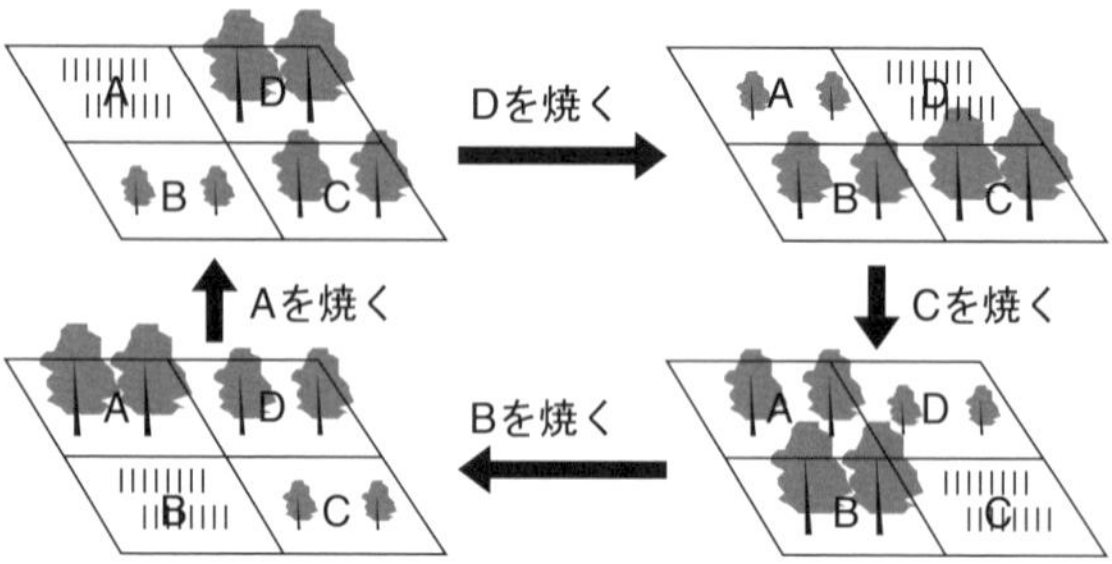

持続的焼畑農法。数区画をローテーションする。

クライブ・ポンティングは当時のヨーロッパの記録をいくつも挙げながら、次のように記している。

> 次第に深刻の度を加えるエネルギー不足から、当時は質の悪い燃料とされていた石炭への転換を余儀なくされた。薪炭の値段が上がるにつれて、まず貧しい階層、後には豊かな人々も石炭を使わざるを得なくなった。（文献[54]、下巻89頁）

かつてのヨーロッパでは持続的焼畑農法[注6 (p.150)]も行われ、その場合には日本の柴刈り場や雑木林が山にあるイメージとは異なり、その場所は何十年かのサイクルで畑として利用され、その期間以外は燃料と肥料を供給する。それらを地下資源に頼ることにすれば、焼畑農法を止めて、いままで入会地として管理してきた放置期間にある土地まで畑作に従事させることができる。こうして地下資源の利用がそれ以前の人口の数倍の人口を養うことを可能にする。燃料や肥料を地下資源に頼って、それらを供給していた土地を耕作地に転用したときに養うことができる人口は、焼畑の場合でも日本のような恒常的田畑の場合でも、あるいはもっと細かく中世ヨーロッパの三圃式農業などから変化したと想定した場合でも、計算上は大雑把に同じになり、数倍の人口を養うことができる。けれども実際の日本が選んだ道は少し違って、こうした世界の余剰作物を輸入することで人口を支え、田畑の面積を数倍に広げることはしないで山を恒久的に放置する道を選んだ。

その結果現在は、地下資源を利用しなかった時代から比べて数倍の人口を養うことに成功している。数倍という数字自体は日本で見ても世界全体で見ても同じであるが、もちろんここで重要なのは世界全体の人口である。こうして数倍に膨れあがってしまった現在の人口を出発点に、将来の化石燃料枯渇を考えなければならない。となれば移行過程において我々は、数人に一人を除いて死ななければならないのか。我々は餓死するのか、むしろ江戸時代のように直接的には病死であり、病原菌に勝てない原因に栄養不足がある、という構図かもしれない。

イースター島――食料を巡る争い

死を運命づけられた人間が初めから素直に死に甘んじることはなく、その前に食料を巡る争いが発生すると予想するのが自然である。悲しむべきことに、強者と弱者の力の差が小さい平等社会の方が、社会全体としては深刻な結果を招く。争乱状態が長引き、戦いによる破壊の結果は大地の扶養力低下を招くため、そのとき生き残る人口は江戸時代の人口を下回ると予測するのが妥当である。時々「本当は戦争は人口抑制に役立つんだ」と本音を漏らす人に出会うが、「それは科学的にも真実でなく、現代の技術人にとっては食料生産力の低下の方が、殺戮による人口減少に勝って逆効果になる可能性が高い」と申し上げておきたい。

このような文明崩壊の実例としてイースター島の事例[54]・[47]は特に有名である。イースター島では、食料を巡る争いの中で世界最高レベルの石組み建築と有名なモアイ像を築いた文明が、わずか百年ほどで崩壊して未開状態に後退した。注7（p.151） 多量の人肉食の形跡からは、絶え間ない戦争は食料としての人肉を得る意味も持っていたと解釈されている。

更に不幸なことに、人々の破滅的な争乱状態の中で多くの生物が絶滅し、木本植物は一種も残らなかった。表土は雨に洗われて流され、土壌の性質も変化したために元来の豊かな植生を育むことができなくなっている。その結果、イースター島の大地がもともと持っていた食料生産力は失われ、本来ならば生存可能な人数に人口が減ってから後も戦争を止めることはできなかった。

こうして戦争は大地の扶養力を消耗して、新たな戦争の準備となる可能性を持っている。そのような可能性を増大させる要因は、社会の食料生産システムが複雑で精緻なものであるほど多くの場面で想定され、破壊の矛先が人間よりも社会の生産設備に向けられた場合、つまり人命尊重の戦争をした場合の方が危険性が高い。これは狩猟採集時代ではあり得なかったはずの危険性で、食料生産システムの発展の結果のものである。

食料事情にある程度知識のある人ならば、緑の革命による新品種が従来品種の倍以上の単位面積収量を実現していることを想起するかもしれない。その結果人口を数分の一にまでは削減しないで済むとも判断し得るが、それは少々楽観的すぎるように思われる。まず第一に新品種が収量を伸ばしている条件は、肥料を多量に投入できる現在の栽培環境である。それと同じ条件を緑肥によって実現しようとするならば、かつての里山の雑木林や柴刈り場の面積を大幅に増やさなければならない。それよりも「肥料生産林」の面積を減らして直接食料を生産する田畑を増やした方が、「肥料生産林」まで算入した単位面積収量を上げることになるはずだが、その条件では新品種は今の収量を維持することができない。従来品種さえも下回るとの話を聞いたことがあるが、本腰入れた栽培実験による検証結果なのかどうかまでは確認していない。

更に新品種が現在の世界的貿易システムの集中生産と分業体制の中でその能力を発揮していること、つまり肥料も一例だが、工業地帯での農業資材生産とそこから離れた大規模農業地帯、そのこと自体が食料生産システムの高度化を進めている要因のひとつでもあり、その意味では緑の革命は戦乱時に社会を不安定化する原因にもなっていて、むしろ危険要素と評価した方がよいのかもしれない。少なくとも収量二倍を期待するのは楽観的すぎて、中庸を採れば、良い要素としても悪い要素としても考慮しないのが妥当な評価のひとつである。

イースター島での戦争による大地の扶養力消耗は、自然破壊そのものだった。そのとき他の文明崩壊では土地を放棄することが可能であったが、イースター島は周囲に陸がなく逃げられなかった。逃げられないのは人間ばかりでなく、多くの動植物にとっても同様である。この点がイースター島の際だつ特徴であり、この条件は地球全体の環境が破壊された場合の条件と一致している。[注8(p.151)] それを当てはめるならば、たとえ避けがたい戦争を我々が甘受してバイオマス依存への道を進んだとしても、そのプロセスの途中で人間の相手となる「自然」は失われている、との予測が成り立ち、生き残った少数者にも「自然と人間の良い関係」は用意されていないと見るべきかもしれない。

このような予測は極めて不確かなものなのだが、確かな予測ができないときには最も確からしい可能性を選びながら、その予測結果に対応策を用意しておくのが筆者の立場である。予測の不確実さは予測を、ひいては対応策を断念する理由にはならない。その上で結論を述べれば、望まざるともやってくるかもしれない未来のバイオマス依存社会には、それを避ける方向で考えたい。

危機回避の可能性

可能性があるのは、ひとつには「里山」そのものである。日本の江戸時代はイースター島の反例として注目されている[47]。当時の鎖国政策がイースター島と同じ孤立状態を引き起こしていたにも関わらず、日本の人口が安定して森林も保全されたからである。

人口の大きさでは江戸時代の方が地球全体に近い一方で、孤立の期間や完全さではイースター島に及ばない。政治経済システムでも意外にもイースター島の方が、江戸時代の日本よりも現在の「多国家＋国連による利害調整、そして国家間貿易による資源融通経済」というシステムに近かったものと推測される。あるいは歴史学的にもう少し信憑性の高い例として、イースター島と同じく人口増加圧に抗しきれずに資源の過剰利用による環境破壊の末に崩壊したマヤ文明[47]・[55]の方が、江戸社会との対比として適切かもしれない。こうして両者の条件の比較は単純でないものの、歴史の示す結果は正反対に異なっている。江戸社会の内実が決して魅力的でないことは既に見たのであるが、少なくとも破滅が不可避とまでは言えないことの実例なのである。

しかし未来のことを考えるには、現在の増えすぎた人口を出発点にしなければならない。今の人口で江戸時代に戻ろうとすれば、大多数の人々には生存が保証されないことになり、社会が安定する見通しが立たない。これがこれまでの結論である。それでも可能性が残っているのは、植物光合成のエネルギー変換効率が一パーセント程なのに対して、太陽電池のエネルギー変換効率はその一〇倍以上、更に太陽熱温水器などの他の太陽エネルギー利用にはそれを上回るものがあることに依拠する。つまり、化石燃料後のエネルギー源をバイオマスではなく太陽光発電に求めたならば、計算が一〇倍違ってくる。

念のため記すと、ウランの資源量は石油と比べても少なく、気休め程度にしかならない。天然ガスの資源量は石油と同程度。石炭の資源量は比較的多いが、温室効果ガスの排出が多い点を克服したとしても、エネルギー資源減産までの猶予期間を数十年引き延ばすまでである。石油などが枯渇するのに数十年とされ、実際に石油が減産に転じるまでは一〇年少々しかない、と見積もられるのと比べれば、それを三倍以上に引き延ばす石炭の資源量は大きいが、それでもその間に人口を数分の一に削減する計画は無謀でしかない。これ程の人口減少は過去の文明崩壊において考古学的に見積もられているものと同程度である。最後に風力や水力は太陽光同様に持続性があり有力だが、バイオマスと同様に賦存量が十分ではなく、またその他の技術開発段階にあるエネルギー源も間に合わない公算が高いので、結局太陽光の賦存量が可能性を見極める鍵になる。

ここで「うまい話には裏があるはずだ」と疑う人も少なくないが、太陽光をうまい話と思う先入観が批判的検討を受けなければならない。その結果、他の手段と比べて最も現実味が高い方法であることが判明する。言い換えれば、うまい話だと思っていたはずの太陽光が最有力となるほどにも、将来のエネルギー受給は切迫している。

そのような動機の下に具体的な計算を試みたことがある。注9(p.152) 地球上各地の砂漠に太陽電池設置位置を決めた上で、そこから人口密集地域までの送電損失と揚水発電による蓄電損失まで計算に入れて、途上国の人々にも日本人と同じだけのエネルギー供給を行う。それでもなお人類の必要エネルギーを賄うに余る結果になった。長距離大電力送電の実例がないのを仮定計算したための誤差は大きいが、それを最初から無視するこの手の試算が多数ある中で、かなり現実味の高い数値になっていると思う。

砂漠に太陽電池を配したのは、生態系への影響を最小限に止めようとのもくろみによる。その結果送電損失は発電量全体の三分の一にもなるのだが、バイオマスでは養いきれない人口を支えるためにエネルギー源を太陽光発電に切り替えることは、実は自然生態系の余地を地球上に残しておくためにも役に立つ。単純計算でバイオマス生産畑の一〇分の一の面積で済むばかりか、太陽電池なら砂漠に設置することも可能なのである。

しかしながらそれに要する費用を試算したところ、全世界で日本の国家予算の数十倍もの予算を毎年投入しなければ石油・天然ガスの枯渇に間に合わない。詳細は省くが、太陽電池の発電単価が高い

砂漠面積	1834 万 km^2	世界 15 砂漠の合計
発電可能量	523 兆 W	緯度補正込み
太陽光パネル設置面積	528 万 km^2	上の 29％に相当
供給端電力	141.5 兆 W	上の 27％に相当
損失	54.9％	
— 送電損失	35.1％	平均送電距離 2500 km
— 蓄電損失	30％	換算して約 19％
需要端電力	64.3 兆 W	＝世界人口 × 10 kW *

* 10 kW は先進国の 1 人当たりエネルギー消費量 (電力だけでなく全て)

のが原因というより、むしろ世界人口や猶予期間など、前提条件の厳しさに起因している。要するにエネルギー供給構造を世界規模で転換するには太陽光発電に限らず何であっても期間が短すぎるのである。このような経済面だけでなく、国家間の信頼関係や、それ以前に地球の気候への影響も未検討である。またエネルギー源だけ確保してそれで安心というものでもないのだが、それでも「人々の大量死とそれに連動する生物の大量絶滅を回避して、間に合わせるには尋常でない程の政策転換が必要だ」ということを、機会あるごとに述べておくことは意味があるものと考えている。

そしてこの尋常でない政策を採ったとしても、ひとまず目前に迫った危機を回避する以上のことではなく、その先どのように社会が変化を遂げていくのか、どの程度の期間に亘って社会の安定が得られるのか、明確な答えはない。持続性のエネルギー源に頼ることで、と言うよりも実のところそれ以外に頼れるものがなかったからなのだが、その持続性の結果として長期間に亘る社会の安定を得るという僥倖を期待することは、ある程度許されるかもしれない。しかしながら長期的安定の可能性を推し量るには予測不可能な因子の影響が多すぎる。

やや話がそれた面もあるが、ここまで述べてきたような具体的な状況、今我々が置かれている客観的条件の厳しさを理解して貰えたならば、もはや安易に「里山に帰ろう」などとは発言する気になれないはずである。これが差し当たって「里山」に行くことができない、と考えられる具体的な理由であり、逆にこうした厳しさを認識するならば、里山生態系の保全のためだけに振り向けられる資源や労力は、無視し得るほどに小さく抑えなければならないのではないだろうか。

ここまで論じてきたように「里山」に行くことはできないし、里山生態系の保護さえも絶望的に困難である。その背景には、こうした具体的なデータの検討結果もある。社会科学的な一般論だけでは「里山」に行けないと結論づけるのが納得できない、と考えるならば、エネルギーフローや食糧供給に関するこうした具体的な予測を基に考えてもよいだろう。具体的なデータに基づく予測可能性は必ずしも常に保証される性質のものではないのだが、現在の状況では結果的にそれが可能で、一般論だけで抽象的に論じたのと同じ結論に導かれる。

繰り返しになるが、歴史上の過去である「里山」に実際には行くことができない。それ故筆者は「里山」に別の態度をとることを選択したのだった。即ち、行くことはできないが過去の歴史に実在することで、未来に新たな「自然と人間の良い関係」を求めるための拠り所となる。その点で「里山」が稲葉の「青き清浄の地」と一致する。

具体的な生態系や社会構造までも分かっている「里山」を知りながら、その知識が抽象的に「希望の拠り所」としてしか作用しないというのは、あまりにも小さすぎる成果だと思うかも知れない。しかし論理的な飛躍を避けて「里山」に至る道筋を考えようとするならば、「里山」における「自然と人間の良い関係」の発見が一足飛びに全てを解決するようなものではないこと、本当に現実に向き合うには途方もない忍耐力が要求されることを再認識させられることになる。

そうした現実の重みを噛みしめた上で、改めて「里山」を振り返ってみるならば、「里山」が教えてくれる「自然と人間の良い関係」の可能性と、それが我々に現実に立ち向かう力を奮い立たせてくれる作用、つまり稲葉の「青き清浄の地」としての作用、これら「里山」から得た果実の大きさに気づく。

★注

▼1（93頁）比較的知られているのは映画『千と千尋の神隠し』でのカオナシにまつわる話[56]だろうか。「橋の上に誰か一人くらいいるだろう」と登場させたカオナシが物語り後半で中心的役割を演じるようになる。製作過程で上映時間に入りきらないことが判明して軌道修正したときに、カオナシの役割が表面に現れた。

こうした創作手法についてスタジオジブリ関係者は、殊更に自分たちの無計画を強調して人を食うような表現をすることが多いものだが、漫画『風の谷のナウシカ』に関しては、そのような余裕などなく本当に苦しかったという具合に宮崎は言っている。苦しいとは既に本文に記したように、物語が勝手に展開してしまって、作者の宮崎にコントロールできなくなってしまったためであるが、この点を見てもやはり漫画『風の谷のナウシカ』は他の作品とは一線を画していると言えよう。

▼2（97頁）『ナウシカ解読』の末尾に稲葉と宮崎の対談が掲載されている。対談の冒頭でいきなり稲葉は持論をぶつけて、

「青き清浄の地」をギリギリまで考えたユートピアだと思ったと述べる。それに対する宮崎駿の言葉は面白い。稲葉の「ユートピア」と表現した趣旨を誤解しているようでもありながら、それでいて結果的に稲葉の考えの核心部分への同意が吐露されていく。

▼3（103頁）稲葉の「青き清浄の地」の峻烈さについていけない、と述べたが、この部分は少し見方を変えれば、逆に筆者の方が稲葉よりも厳しい見方をしていると見なすことも可能である。筆者は結局「人間だけでなく生物の世界にも絶対の平和なんて存在しないよ」と言っているのだから。絶対平和の場所が存在することを前提にして、それが「人間であることを止めるほどの場所」なのかどうか、という観点から見たときに、稲葉の「青き清浄の地」は「里山」に比べて峻烈な意味合いを持つことになる。それが実在することと相容れない、とする筆者の主張の方がもっと峻烈だ、と見るならば、それは正しい見方のひとつであろう。

▼4（105頁）本来であればここでもう少し厳密に「平和」を規定した方がよいかもしれない。素朴に「平和」と表現するときには、国家間の戦争がないことを以って「平和」と表現する場合が多いが、ここでは個人にとって、あるいは個々の生物個体にとっての「平和」を考えている。この場合には「平和」の対義語に「戦争」ではなく、「暴力」を持ってくる新しい枠組みで「平和」を捉えた方が適切である。

▼5（122頁）従って時代を超えた普遍性を持っているのは第二章までの内容になる。そこでこの里山論を新しい環境思想の提案として見るならば、第二章までをひとつの到達点としてそこまでで話を閉じるのも悪くない。第三章で論じた「青き清浄の地」としての「里山」の位置づけは、面白さに価値があるのであって、時代を超えた普遍性を求めるような内容ではない。この辺の事情を「青き清浄の地」について考えると、稲葉の新しいユートピア論には時代に縛られない一般性があるのだが、その具体例である「里山」や「青き清浄の地」にはそれがない、というような具合になる。

▼6（140頁）焼畑農法は非持続的農法として有名になってしまったが、これは誤解であり、むしろ本来は持続的農法の中のひとつである。森林を焼いて数年間畑作をした後で、十分な年数をかけて放置して森林が再生するのを待ってから再度焼けば持続性がある。そのために必要な年数は地域の住民の持つ昔からの知恵で伝えられてきたのであるが、それが守られなくなった原因は、西洋思想の影響による価値観の変容と、それに対して伝統的農法を守らせようとする地域社会システムが弱体化し

たことがある。

本来の焼畑を理解しないで、「永続的に畑として利用できないから焼畑はよくない」という話になってしまったが、現実に途上国で起きているのは、次の焼畑までの期間を守らないで頻繁に焼きすぎる事態や、焼畑技法を転用した火入れ開墾である。火入れ開墾とは開墾のために森を焼くことである。そのとき問題なのは、畑として維持するだけの肥料の供給や水管理のノウハウがないまま焼いた後を永続的に畑として利用しようと、樹木の根まで取り除いて開墾することである。降雨の激しい低緯度の山岳地で樹木の根がなければ、激流を上手に流して土壌を持っていかれないための特別な技術が必要で、それは焼畑で生産していた地元社会にも開墾推進役のヨーロッパ人にもないはずの技術である。仮に土壌浸食がなかったとしても、施肥も含めた適切な土壌管理ができなければ、地力が保てずに荒廃して砂漠化に向かう危険がある。

▼7（142頁）　イースター島の歴史がこのようなものだったと信じられるようになる以前は、この島の現状は全く理解不能だった。高度な石組建築や巨大なモアイの像と、そこに住む人々の低い技術レベルの間の乖離が説明できず、その当時イースター島を指して形容された「謎の島イースター島」の言葉は今でも観光産業のキャッチフレーズとして使われ続けている。これが環境破壊による文明崩壊であると考えられるようになった理由の中で、花粉分析の果たした役割が大きい。過去のイースター島は今のような草原ではなく、森林が広がっていたことが判明した。現在の学説は、そこから徐々に様々な考古学的証拠をつなぎ合わせて、過去の出来事を推定したような格好になっている。

▼8（143頁）　ここでまた、今の科学技術を念頭に「宇宙ステーションに逃げ込めばよい」とか「新惑星を発見して移住すればよい」とか、楽観的意見を持つ人もいるが、もしそれが可能な技術を我々が持っているならば、地球に住み続けながらその技術で地球を維持管理すれば済むことで、発想の順序がおかしい。

まさかという気もするが、もしかしたら宇宙逃亡の発想の裏には「私だけ逃げる」ことが前提になっている可能性もある。と言うのはもし少人数であれば、技術的にはまだ無理としても、資源量としては足りるかもしれない。小規模な宇宙ステーションとか、小型の宇宙船で済むのだから。実際イースター島でも危機到来の最中に、残る船を使って逃げ出した少人数の集団があったとしても不思議はない。無意識にでもそう考えた上での話であるならば、価値観として筆者には受け入れられないが、科学的推論の範囲では可能である。

しかし本書では、人類全体が生きていくことを前提に考えている。地球の資源量や浄化能力が人類全体を支えるには足りない、という問題を解決するのに、もっと多くの資源を消費する宇宙ステーションやら宇宙船など、建造できるはずがないのである。

▼9（146頁）　具体的な話はエネルギー資源に関する試算だけに止めようと思うが、似たような計算を食料についても行ったことがある。エネルギーよりも条件が厳しく、地下資源に頼らずに今の二倍（国連人口推計に基づいて）の食料を生産するには、遺伝子組み換え技術に賭けてみるしかないとの結論である。こうした結論は遺伝子組み換えを嫌う日本の世論ではなかなか発言しにくいものだが、ちらほら出てくるようになった[57]。八割の人の餓死不可避と比べて、科学的に可能性の低い健康被害ならば、筆者は迷わず後者のリスクをとる。本当に判断が難しいのは遺伝子組み換え生物による生態系破壊の危険性ではないだろうか。健康被害と違って後戻りができないで、地球の生態的構造が変わってしまうのだから、最悪の可能性として人類も含む生物の大量絶滅まで視野に入れねばならない。それで八割餓死の方を選ぶというなら理解できなくはないが、それでも筆者は生態系のリスクをとりたいと思う。餓死の方を選んでも騒乱が長引いて同じく生態系を破壊する危険性がある。更に多収量品種の遺伝子が野生に逸出して猛威を振るう危険性は、よく問題視される病虫害耐性遺伝子の場合よりは低い。ならば最良の可能性を残す方を選びたい。

第四章　宮崎駿の目指した理想郷

本来であれば前章までで論理は完結しているし、これから述べようとすることは学術的には蛇足以外の何ものでもない。しかしながら、このままでは多少の心残りを読者に与えるであろうことを危惧している。それは本書で検討した「青き清浄の地」が稲葉の解釈を経たもので、宮崎作品と直接には繋がっていないことに由来する物足りなさである。それではこの里山論は、宮崎作品と直接に関係する要素を持たないのだろうか。宮崎ファンならずとも気になるところである。

ここで言いたいのは、稲葉の解釈と宮崎の本心の齟齬などというものではなく、実際には稲葉はそれなりによく宮崎の本心を捉えているのかも知れない。『ナウシカ解読』[1]に掲載されている稲葉との対談で、宮崎は少なくとも稲葉を拒絶していない。筆者の印象から言うと、彼は稲葉を介して自分自身を改めて内省する機会を得たように読み取れる。従って稲葉の「青き清浄の地」であっても、そこには宮崎の「青き清浄の地」が反映しているものと理解しているのであるが、もう少し欲を出して宮崎作品との直接的な関わりを考えてみた。

宮崎駿が自然と人間の関わりを頻繁に描く作家であることや、作品中の主人公が環境問題に派生する困難に対峙するような場面も少なくないこと、こうした認識は多くの読者が共有するものと思う。それならばこの里山論は、稲葉の「青き清浄の地」の「平和」を越えて、もっと緊密に宮崎作品に共鳴していく可能性があるのではないか。その辺を検討した結果を、少し短めな終章として宮崎作品を愛する全ての人に送りたい。

一　ナウシカの愛する「自然」

「自然」と「人間」の境界

これまで「自然」と表現してきた里山は本当に「自然」なのか。こうした問いかけに筆者は「結果的にそれが可能だから」としか答えずに、里山の生物を「自然」の一員と見なして進んできた。科学的指標である生物多様度を用いて「自然」の状態の良し悪しを見積もることができるものと考えて、里山の生物多様度を議論し「里山」への新たな意味づけへと展開してきた。その途上で「里山」の概念は、当初の単純な地理的範囲の意味合いから発展させて、人間の活動と、そして「自然と人間の良い関係」まで含む抽象的存在へと再定義したのであるが、「自然」と「人間」の境界については、その流れの中で幾分置き去りにしてきた観のある問題のひとつである。

翻って考えるに、そもそも「自然」とは何を意味するのか、その対義語は「人間」であったり、あるいは「人為」であったりするが、もし「人為」を対義語として捉えるならば、里山生態系は人為作用の産物であるから、もはや「自然」ではない。あるいはまた「人間」を対義語にした場合にしばしば受ける批判には、人間自体が自然の一部分に過ぎないという指摘がある。

こうした観点から「自然」と「人間」の二分法を批判する立場もあり、その二分法から決別することに力点を置きながら、議論を展開することも可能である[5]。あるいは別の言い方をすれば、里山環境は「自然」から見て、中心部分ではなく「人間」とのせめぎ合いによってできあがる「自然の周縁」

と表現しても良いような生態系である。筆者もその辺に焦点を当てた議論を展開したことがある[58]。

それにも関わらず筆者がここで「自然」と「人間」に分けて議論を展開してきた理由は、その枠組みで得ることができる果実を吟味することに価値を認めているからであるのだが、そもそもそうした態度が許されるのか否か疑問視する考え方もあるだろう。この発想は自然科学特有のものかもしれないので説明しておこう。

自然科学、とりわけ物理法則を組み立てるときには、対象の切り取り方で導き出し得る結論に違いがあってもよいが、それら異なる切り取り方をして得る結論が互いに矛盾してはならない。この基準は物理学ではほとんど完全に満たされている。ほとんどと言ったのは、「シュレーディンガーの猫」と呼ばれる量子論の古典的パラドックスに関わる最近の実験を解釈する方法のひとつに、基準を破って特定の切り取り方に制限する方向性が検討されているためである。もし対象の切り取り方の違いによって得られる結果が互いに矛盾しないのであれば、得たいと考える結論に応じて自由に切り取って構わない。もし科学理論が数学によって記述されているのであれば、その部分での無矛盾性は自動的に保証される。それが数学以外で記述された部分まで成り立つものと仮定して、ほとんどの場合には不都合を生じない経験から、自然科学者は対象の切り取り方を自由に選ぶ習慣を身につけている。もちろん言葉の意味を不必要に変更することは歓迎されないが、対象の切り取り方を様々に変化させて導き得る新たな帰結を探し出す場合には、その切り取り方自体が科学的創造活動の一部分を成す。それをそのまま適用すると、自然の中から「人間」だけを切り出してそれ以外の「自然」と区別する方法と、それらを一体のシステムとして取り扱う方法のどちらを選んでもよく、そのときに注目する事柄によって主体的に決めるべきである。

しかし今の場合には物理学ではないし、自然科学でさえもないのだから、対象の切り取り方で得られる様々に異なる結論が互いに無矛盾である保証はない。だから里山生態系を「自然」と見なさないで「人間」との境界の不確かさに着目した時に得る結論と矛盾する危険性が残る。もし簡単に無矛盾性を検証することができるのであればここで検証したいのであるが、あいにくそのような簡単な方法があるわけではないので、とりあえず通常の自然科学と同じであると期待して論理を展開した。そのため無矛盾性の検証は課題として残したままになっている。

これを矛盾と捉える視点自体が自然科学的でもある。ここまで展開してきた里山論は既に自然科学の領域を越えているので、仮に他の視点からの帰結との間に矛盾が見つかったときには、ちょうど政治学や倫理学などで互いに対立する道徳概念の問題に直面したときのように、矛盾が直接に学問的欠陥と見なされるのではなく、異なる結論の間にどのような折り合いを付けることができるか、そういった種類の問題になる可能性が高い。しかしこのテーマには取り組まずにおきたいと思う。

こうした議論の順序に関しては個人の好みが大きく反映する部分だろう。何を重要と見なすか、更に必要な労力とのバランスでどの部分に先に取り組むのか、価値観が一致することの方が珍しいかもしれない。従ってここは筆者のやり方に付き合って貰う以外にないのであるが、次から述べていこうと思うのは、無矛盾性とはもう少し違った観点での境界の問題である。里山生態系の性質、つまり人為作用を受けた自然であることが、ナウシカの物語世界に呼応している。その点を見ていこう。

ナウシカの態度

映画版の『風の谷のナウシカ』では腐海の植物や蟲たちの素性は明らかにされないが、漫画『風の谷のナウシカ』では、彼らは過去の人間がバイオテクノロジーによって作り出した人工生命であることが明かされる。それればかりか腐海は生態系全体までもが人為的に設計された、純粋な人工生態系である。その真実を知った後にナウシカが王蟲にどのように接するのか、それは直接には描かれていないが、墓の主の「虚無だ」との言葉に答える彼女の台詞に、王蟲への敬愛を持ち続けていることが窺える。

> 王蟲のいたわりと友愛は虚無の深淵から生まれた
>
> （文献[44]、7巻201頁）

この言葉はナウシカが「腐海の生態系は地球の浄化という目的のために人工的に設計された」ことを知らされた少し後のものである。

この真実を知ったことによって、彼女は王蟲の自己犠牲的な行動の背後に隠された人為的目的を知り、現実の王蟲たちはその目的を裏切ることをできないロボットのように振る舞っていることにも気づいている。王蟲はなぜ自己を犠牲にして腐海の生態系を保とうとするのか。生物の行動原理としては不自然な目的を追い求める王蟲の姿は、ナウシカにとって最初は理解を超えた崇高な生命と映ったのだが、彼らが人工生命であることを知ればすっきりと不自然を解消できると同時に、彼らの行動原理へのナウシカの受け止め方も変化せざるを得ない。しかしそれでも彼女は王蟲をひとつの生命として愛し、彼らの深い愛に裏打ちされた悲しみに対して尊敬の念を抱き続ける。王蟲は目的に従って設計されていたとしても、そしてその目的自体は生命への侮辱として否定されるべきものだとしても、王蟲の生命に価値を認め、彼らを他の生物と同等に扱うばかりか、その内面に立ち入って王蟲の心を見るならば、否定されるべき「虚無」から「友愛」が生まれたのだと、つまり目的を王蟲の生命が超越したのだとナウシカは受け止めた。

更に明らかにされた真実は、ナウシカたち人間も、また彼女が身近に置いて愛したキツネリスのテトやトリウマのカイといった動物たちも、ある程度の汚染空気を呼吸できるように人間によって造り替えられていたことをも知らしめる。

ナウシカの世界では身近な生き物たちは全て人為的造作物であり、人為的改変を受けていない「原種の」生物はかろうじて、彼らの到達できない場所、即ち「青き清浄の地」に生存するだけであるから、ナウシカは直接に「原自然」に接することができない。そうした中でナウシカは、「青き清浄の地」の「原種」を愛しただけでなく、日常生活においてはそれ以上に多くの愛情を、腐海の人工生物たちやナウシカ自身もそれに属する汚染適応型改変生物たちに注いでいる。

この点を分析して中村三春は次のように述べている。

人工対人間、人間対自然という対立図式は、人間も自然も実は人工の所産であるという転回によって、対立の根拠を失う。もはや、自然の自己完結性に依存することはできない。（文献[59]、220頁）

漫画『風の谷のナウシカ』はまさしく「自然」を主要テーマのひとつにした物語であるが、単純な「自然対人間」という図式は打ち破られ、自然崇拝でもなければその逆の人間回帰でもない。そのような単純化した二項対立図式が拠り所とする世界観が激しく揺らいでいる。

その中でナウシカは人為的な生物をも愛することを選択した。こうした彼女の決断は、その根底にある価値観において、人為的所産である里山生態系に価値を見いだそうとする筆者の立場と通じるものである。生命の価値はそれが人工的に作り出されたものであっても減じるものではない。

これは生命倫理の問題と言って良いが、人間以外の生物であったり、ナウシカのようにフィクションの中の生命では実感を持ちにくいと思うので、少し話題が逸れるが、クローン人間に関する議論を題材に考えよう。

クローン技術が進んで羊などの哺乳類でクローンが生み出されるようになったのは比較的新しい出来事である。その時に語られた懸念に「自分の移植用の臓器を生産するためにクローンを利用する人が現れる」というものがあった。それに対する筆者の意見は「クローンであれ生み出された人間は完全な個人としての人権を持ち、臓器提供の義務はない」というもので、これは筆者にとって即答で反論する内容だった。もし更に重ねて「自分を産みだした親が臓器提供を求めているのを心理的に拒むことができるか」と問うのであれば、確かに難しい問題だが、これは実の親の場合でも同じ問題があり、何もクローン技術に特異的な困難ではない。もしかしたら科学的な予測としては逆に、利己的な人のクローンは利己的に振る舞う傾向があって、大多数が臓器提供を拒む、という方が蓋然性が高いかもしれない。しかしだからと言って即座にクローンを推進する議論にはならない。例えば通常享受できるはずの家庭環境を提供できるのか、そういった問題が残る。従ってクローン技術利用の是非についての結論を得ようとするのであれば、もう少し慎重な議論を必要とすると思うが、ここで強く批判しておきたいのは、仮にクローン人間がいた場合に人権を認めないかのような発言に対してである。生命には出生の経緯に依らないで、等しく同等に接しなければならない。

いずれにしても人工生命であることが、あるいは人為生態系であることが、その価値を低下させるものではなく、人為的なものを排除して自然による存在を保護する必然性もない。それが筆者の考えであり、ナウシカの行動規範でもある。

ナウシカの判断基準に対して、物語全体を通じて首尾一貫したものとの前提で見るのは危険だと見るべきかもしれないが、実際に漫画を読む限りでは、生命と人為の問題への態度に関しては全くぶれがないように思われる。

目的のある生態系……

その存在そのものが生命の本来にそぐいません

（文献[44]、7巻132頁）

というような台詞は、本書で67頁からの数頁に亘って記した問題とも呼応している。里山生態系を生物多様性を目的に保全するならば、動機の段階からそれは人為作品となって、自然と呼ぶべき要素を完全に失うのではないかと論じた。彼女はそうした生態系の存在様式は拒否して、生物それ自体の目的のために生存して結果的に現出する生態系を肯定している。本書でも生態系の存在価値を人間の利益で基礎づけようとする立場は選ばずに、生態系自身の内在的価値を生物多様性の中に見いだそうとしてきた。そうした態度はナウシカに通じるものであったのだが、更にまたここでもうひとつの共通点を見いだしたことになる。先ほどの台詞のすぐ後にナウシカは、

たとえどんなきっかけで生まれようと生命(いのち)は同じです　（文献[44]、7巻133頁）

と言っている。即ち現に存在する生命については、それが人為的であるか否かは生命の価値を決める要素ではない。個別の生命への態度と生物集団への態度、両面においてナウシカの判断基準に沿っていると言える。

実はここで考えている境界の問題はなかなか繊細な側面を持っている。生命であっても生態系であっても、それが何かの目的のために存在することを否定しているのだが、目的のために結果的に生み出されて、目の前に存在している生命とか生態系の価値は認める。その価値はそれが生み出された元来の目的にあるのではなく、そういった価値観は頑なに拒否して、別の角度から捉えて、生命や生態系そのものの存在価値を認めようと言うことになる。そうすると同じ生命や生態系に対して、存在

するときと存在させるときで異なる態度をとることになるのだが、ナウシカは一貫して彼女が生きている今現在を基準に判断している。

少々抽象的なので、例として前章に記した人口問題を考えよう。現在の我々は産業革命と地下資源への依存を経て、かつてバイオマスに依存した持続的社会の数倍の人口を支えている。その結果として未来に厳しい人口問題を抱え込んだわけだが、それを理由に地下資源に手を付けた過去の人類を非難するべきだろうか。

既に見たように地下資源への依存はその当時の人口問題への答えだった。繰り返される飢饉と疫病の流行が人口増加を抑えて、ヨーロッパの人口を適正規模に保っていた。それを回避して死ぬべき者を救い出す力を、地下資源は持っていた。その積極面を理解したならば、我々に当時の人々を非難し得るだろうか。当時の状況に照らして地下資源の利用は正しい選択だったと言わざるを得ない。そして今の我々も当面次に迫っている人口問題を解決するために、どういう手だてがあるのか考えているわけだが、それが将来振り返ってみたときに、新たな問題の引き金になっているかもしれない。それでも我々は前に進まなければならない。

未来に新たな問題を生じさせることを意図するのであれば、それは非難に値しよう。小さな快楽を得るために将来世代を犠牲にすることも非難されるだろう。反例として考えるならば、ナチスのユダヤ人虐殺は非難し得るのではないだろうか。ヒトラー個人の抱えていた問題などに入り込んで分析するならば、多少違った議論もあり得るが、客観的に考えて当時のドイツがユダヤ人を虐殺する避けがたい必要性があったとは認められない。確かに当時のドイツが困難に直面していたのは間違いないが、国内のユダヤ人と共にその困難に立ち向かうこともできたはずである。

そういった必然性のない不幸の生産と比べて、産業革命と地下資源についての筆者の判断は異なる。当時の生産構造から規定される人口扶養力の限界に苦しんでいる人々を救うことが、未来の困難な人口削減の準備となる可能性は、確かに冷静に考えれば当時の人々にも十分に予見しえた範囲内のことではあるが、目の前の自分たち同胞の死を当面回避することが優先されるのはむしろ常識的で健全な考え方である。将来世代への責任はもちろん大きいが、そのために誰かが犠牲になって死を選ぶ決断をするべきではない。あるいはそのために戦って殺し合う決断をするべきでもない。当面の間だけとは言え、皆で生きていく方法があるのだから。

今の段階においてでさえも近い将来の望まざる人口削減が確定したわけではないのだから、当時の人々にとってはなお一層のこと将来世代の困難は不確定な可能性である。その不確定な未来の可能性のために、今現在の生きる可能性を諦めるべきではない。人間はまずは今の時代を皆で生きていこうとするものである。こうした決断の結果として現在の社会状況や地球環境が決まっている。それが過去の決断と因果関係で結ばれていることは間違いないが、今を前提として受け入れて将来を考える以外に、我々にできることはない。

当時の人々にとっての今、それは当然現在から見れば過去だが、当時の決断の基準はそこにある。その今を前提にして、という意味は「もし過去の人々が農耕牧畜を始めなければ人口も少なく、飢饉とか疫病の流行もなかったはずだ」などとは言わずに、そのような過去の結果である「当時の今」を受け入れて、彼らは地下資源の利用へと進んだ。それと同じように我々も「現在の今」を前提に前進する。

そういう「今」という意味では、非難に値するような過去の行動の帰結までも含めて、現在の地球の状況をまず受け入れることが必要なのである。過去への非難は次の段階には過去への反省となって、注意深く「今」を決断するための判断材料にしていくことが、我々にできることの最善である。

現実の歴史とはそういう目前の問題に答えを与えようとする努力の繋がりの結果である。我々がとるべき態度は、絶対平和の樹立が不可能な現実を見据えて稲葉がいうような態度、即ち、

> それが仮初めの平和であり、客観的には来るべき戦争への準備となってしまっていたとしても、単なる幻影、欺瞞として退けてはならない。
>
> （文献[1]、182頁）
>
> どれほど短くささやかな平和であっても、我々はそれ自体に価値を認めなければならない。
>
> （文献[1]、183頁）

このような態度をとるべきだろう。その時々の状況の中で判断して、それが適切な選択であるならば積極的に価値を認めることにしたい。そのような文脈の中で人工生命や人為生態系にも、それが現実に目の前に存在するときは、その出自が人為的であることに目を向けるのではなく、その中身に目を

向けて価値を認める。ナウシカが人工生命である王蟲の精神性を敬うのと同じことなのである。

確かに人為的影響の大きさは、里山ではナウシカの世界と比べてはるかに小さい。ナウシカの世界では人為生態系の設計が完全に可能であった過去の人類が想定されている。その点も大きな違いである。しかしその一方で、当初我々が原植生や潜在自然植生に心奪われ、里山生態系に目を向けなかった原因は、それが人為生態系であることにあった。そのような人為生態系へ取るべき態度は、実はナウシカによって答えが与えられている。そういう意味でこの里山論は、ナウシカが架空の世界で悩んで得た結論を、現実世界に引き出してくるような意味合いを持っている。即ち「人工的な生物たちにも、自然の生物たちと等しい価値がある」と。注1 (p.182)

二　宮崎作品の中の「自然と人間の良い関係」

境界の問題はこの辺にして、これまでの論旨に沿って再び「里山」を「自然と人間の良い関係」と見たてて、最後の話題を供したい。これまでの議論では、稲葉の「平和」に対して、「自然と人間の良い関係」が「里山」をユートピアたらしめている。先にはこれを意識せずに読み替えて稲葉の「青き清浄の地」と一致することを見てきたが、この違いによって「里山」は、宮崎駿が漫画『風の谷のナウシカ』を書き始めた当初に構想した理想郷に一致を見る。

腐海との和解――映画『風の谷のナウシカ』

宮崎は漫画の自発的な物語展開に忠実であろうとした結果、最終的にその理想郷に辿り着けないばかりか、当初予想もしなかった難問を残しての結末に打ちのめされるのであるが、漫画版ではなく映画版の方について、『風の谷のナウシカ』の中での物語展開や人物設定を見れば、全編を通じてナウシカが「虫と心通わす類い稀な少女」であることが描かれ、そのことが人類を救う。物語の中に伝わる「青き衣の者」伝説がナウシカによって実現され、ナウシカこそが荒廃した地球を救う「青き衣の者」だった。それが映画版のクライマックスである[60]。

この映画が漫画執筆の早い段階で作られた事実、それに加えて、この映画と漫画に関わる彼の諸々の発言、これらを見ていくと、彼が当初、漫画の将来構想としても「自然と人間の良い関係」を目指して書き始めたことは間違いないものと思われる。更に漫画『風の谷のナウシカ』第１巻の後書きにはナウシカについて、次のように記されている。

自然とたわむれることを喜ぶすぐれた感受性の持主。（文献[44]、１巻裏扉）

そのナウシカが宮崎の中で、日本の「虫愛ずる姫君」がいつしか同一人物になってしまったと言う。腐海の蟲を愛でることはナウシカが持つ優れた資質であり、苦境に追い込まれた人類にとっても蟲との和解が正しい選択である。それは同時に「平和」を目指すことでもあったかもしれないが、人間同士の間での戦争を終結させることに先だって、人間と腐海の間の戦争を終結させることが、本質的に平和の源になっている。それが映画版の世界構造であり、漫画版も当初はそうだったと見てよさそうである。

先ほどの後書きの最後には

なんとかしてこの少女に、解放と平和な日々へたどりついてもらいたいと願っている。

（文献[44]、1巻裏扉）

と結んでいる。

もちろん「自然と人間の良い関係」だけを、漫画『風の谷のナウシカ』における当初の青写真の全てである、と見なすことはできない。それは当初から全体を構成する要素の重要なひとつにすぎなかったのであるが、本書での論旨には直接関係しない他の構成要素をここで満遍なく言及することは差し控えたい。いずれにしても漫画『風の谷のナウシカ』は、物語が展開していく中で「自然と人間の良い関係」に優先して、「命のあり方」というべきような新たな問題に答えなければならなくなり、ナウシカと「蟲たち」の良い関係には最後に決定的なくさびが打ち込まれてしまう。そのくさびが顕在化することなく漫画は終結するが、それを暗示するナウシカの呟き

王蟲の体液と墓のそれとが同じだった………

（文献[44]、7巻222頁）

が漫画の末尾直前に書かれて[注2(p.183)]いることは、作者宮崎駿がこの悲しむべき結果に無関心ではいられな

かったことを示している。

ここでまた説明が必要であるが、ナウシカは最後に「墓」を抹殺することを選択した。「墓」とは内部に人間を養い、また高い攻撃力を持つ不死の巨大生命体で、植物のように大地に固定されている。そしてこの生命体は過去の人間が理想の世界を将来に実現する企ての元に、その核となる仕掛けとして作ったものである。その形状から、ナウシカたち漫画の登場人物は「墓」と呼んでいる。浄化計画の最終段階においては、清浄空気を呼吸する人間を生まれさせるための装置で、そのときにナウシカたち汚染適応型人間が元の身体に戻るための手立ても墓の中に保存されている。

そこでこの浄化計画をナウシカの立場から考えてみる。ある意味での予定調和のユートピアであるが、予定調和が現実となる[注3 (p.183)]ことの害毒は計り知れない。確かに墓の浄化計画に従えば理想の世界が実現するに違いないが、ナウシカたちにとっては何をやっても同じ、という意味になる。何をやっても必ずゴールは理想世界なのだから。

墓を抹殺することによって彼女は、「生きることの意味を失わせるような」墓の持つ浄化計画から「いのち」を我々の手に取り戻すのだが、彼女の愛した王蟲は墓による浄化計画の一部として、墓を作ったのと同じ過去の人々によって生み出された生命であり、墓の抹殺はそのまま、王蟲の生き方に対する絶縁状にもなるのだった。王蟲を愛し、王蟲の生き様を理想とし、王蟲に尊敬の念を寄せてきたナウシカにとって、この決断は何を意味したのか。ここで彼女が負った心の傷は大変なものに違いない。

いずれにしても漫画『風の谷のナウシカ』は「いのち」の問題に決着をつけることで完結する。物語の途中で出てきた多くの問題が未解決のままに完結するのだが、そうした未解決の問題の中に「自然と人間の良い関係」が含まれている。もちろんそれも宮崎は解決して、人間が腐海と和解して平和が訪れるところまで描き得るのであればそうしたかったことだろう。特にアニメのようなエンターテイメントが完結するときは希望のメッセージが語られる必要がある。そのように宮崎は考えているようだが、漫画『風の谷のナウシカ』では、どうしても優先して解決せねばならない「いのち」の問題を決着させたところで精一杯だった。結果的にこの漫画の物語展開の中で「自然と人間の良い関係」に辿り着くことはできなかった。

宮崎の創作の方針について、92頁の引用に関わって考察した事柄を改めて思い出して欲しい。漫画『風の谷のナウシカ』について彼は物語の展開を自由に操っていたと言うよりはむしろ逆で、現実の世界の法則に忠実であろうとした結果、物語の自発的な展開に引っ張られる形で、望む方向へ持っていきたいと願ってもほとんどコントロールすることができない状態に陥った。そういう宮崎の経験の中で「自然と人間の良い関係」の願いは、辿り着くことのできなかったユートピアとして記憶されることになった。そう考えて差し支えないのではなかろうか。

アシタカの願い——映画『もののけ姫』

更に、漫画『風の谷のナウシカ』を書き終えて最初の長編アニメ作品である『もののけ姫』の中で、

宮崎は主人公アシタカに

もりと人が争わずにすむ道はないのか　本当にもうとめられないのか

（文献[61]、314頁）

と言わせながら、物語終盤でそのようなアシタカの願いを裏切っている。映画は決定的な戦いの場面へと進んでいき、最後には森の中心であった「神獣 シシ神」が倒される。その中でアシタカは駆け回って最善を尽くすが無力である。

漫画『風の谷のナウシカ』を書き終えてなお、宮崎駿は「自然と人間の良い関係」を願い、そしてそれが決して到達できない理想郷であると捉えていたものと見える。到達できないと考えたのは多分に漫画『風の谷のナウシカ』での激闘の結末を踏まえてのことであろう。

それを示すかのように『もののけ姫』の劇場用特報に、

風の谷のナウシカから13年

（映像[62]、特典ディスク2）

との文字が表示され、両者の深い関係が顕わにされている。その13年間にいくつもの作品が世に送り出されているにも関わらず、それらを飛び越えて『風の谷のナウシカ』なのである。しかしながら映画『風の谷のナウシカ』から直接に『もののけ姫』へと続けて鑑賞したなら、二作品の間の13年間に宮崎がこれ程まで悲観的に変わった理由を見いだすのは難しい。

その理由として筆者が考えるに、漫画『風の谷のナウシカ』の完結と、それと同時期に宮崎が読んだというイースター島の話[54]の二つが想定できる[63]。その中にあってもなお、彼はエンターテイナーとして「生きろ。」と前向きなメッセージを、映画『もののけ姫』の中に込めることを怠らないのであるが、それは困難に相対して我々が取るべき態度と言うべきものである。

このメッセージが力強く響かないために、多くの論評が「悲観的なメッセージを込めた作品」と見なして、中にはその点を作品の欠点と見なす評価も行われているが、正確には「困難に直面してもなお、希望を追い求めよう」と言っていて、作品の持つメッセージはそれ程単純ではない。単純でないのは、この物語が単に「森と人の二項対立」に止まらずに様々な角度から捉え得ることにも起因する[64]。しばしば指摘されるように、エボシ御前が森に対しても時にはタタラ場の仲間に対しても冷酷に振る舞いながら、一方で社会から排除された者たちを包み込む共同体を作り上げている点は、簡単に善人と悪人に区分けできない物語構造を表している。

ただし病者の小屋にアシタカを連れていったエボシ御前の意図について、自分の善行を見せる目的だったとする解釈[64]は、それが真実なら彼女の評価は低下せざるを得ない。それでは悪行から目を背けただけで、彼女は自分の行為が悪であると認めたことになる。彼女は森の破壊に関して確信犯であり、アシタカに善行を見せる必要などないばかりか、そもそも善悪などに興味がなく、彼女の行為を善と悪に分類して分析しようとするする我々の発想自体が、彼女には無用である。

だからここでは素直に解釈したい。この場面の前後を見ると、エボシがアシタカを「隔離病棟」[61]

に案内した直接の目的はアシタカに銃器の生産現場を見せることで、発端はアシタカのエボシへの詰問である。アシタカの持参した弾丸を発射した銃は、エボシ御前の指導の下で、更に改良されて強力なものになっていた。それによってまず直接には「おまえの推察通りだよ」と実物によってアシタカの問いに答えている。

更に彼女の真の目的が露わになるのは、この場面のすぐ後である。つまり自分の目指す国作りにアシタカを誘うために、企業秘密というべき最新兵器の性能を見せる意図だったようである。そもそもエボシはアシタカを認めているから、病者を見せて構わないと判断している。ここで病者を登場させる作者宮崎の意図はエボシの人物像の多面性を描くためにすぎず、別の場面でも良いような内容だったのではなかろうか。実はこの場面の解釈には筆者も当初戸惑ったのだが、今はそのように理解している。その前提で「病者の印象が強すぎて、話の流れを見失う」との作品への批判をするのであれば、それは当たっているだろう。だがどこかでこうしたエボシの多面性を描いておくことは、彼女を単純な悪役と誤解されてしまわないために必要だった。それどころか宮崎は、この作品中で最大の悪者と解釈されがちなジゴ坊についても「本当は憎めないやつなんだが」と述べて、善悪の色分けを否定している。

このように安易に答えが示されないことこそ、映画『もののけ姫』が我々に投げかける真実と言えよう。だから「明確な答えが示されない」点は作者の意図と見なすべきで、その是非を論じれば一般論として「映画のあるべき姿」を考えることになる。しかもその論点は作者宮崎自身が言及している状況で、果たして我々に有効な批判が可能なのか疑問である。結局こうした批判論は意図的に作者の掌で踊らされることを選択したことになりはしないだろうか。

エボシ御前の二面性への評価であるとか、映画『もののけ姫』に対して多くの論評が投げかけられているが、その解釈の前提には現代の我々の価値観が無意識の内に肯定されているのではあるまいか。そうした論評による解説は、作品が根底に持っていた思想的な深みを意図的に見ないようにしているのか、本当に論者が読み取れていないのか、不思議でならないのが正直なところである。エボシ御前に限らずこの作品の登場人物たちは、現代に浸透する価値観をも相対化してしまうような描かれ方をしている。

映画『もののけ姫』のこのような性格からして、映画『風の谷のナウシカ』のように「自然と人間の良い関係」が安易に示されて終わることは許されなかった。だから世界の事実を認めた上で、それでも「生きろ。」という如何にも苦しそうなメッセージは、この映画で許されるものの中で最も前向きなものである。しかしそうは言っても、作品の完結とは別に、我々が「自然と人間の良い関係」に辿り着こうとすること、そのことの困難さを作者宮崎自身が自覚するが故に、このとき彼もまたナウシカやアシタカと共に心に深い傷を負っていたのではないだろうか。

私的な経験になるが、映画『千と千尋の神隠し』の中盤から映画館の中で涙が止まらなくなった。それはふと『千と千尋』から見て前作に相当する『もののけ姫』を思い出したからだった。あれほどの苦しい現実世界を『もののけ姫』で直視してしまった宮崎監督が、それにも関わらず世界を見捨てるのでなく、少女に「世界の一員として成長しよう」と語りかけていると感じたからである。その一方で小さな不安も抱いた。「自然と人間の関係」については、川に捨てられたゴミなどの形で断片的にしか出てこないのは、もはや監督がそこに希望を見いだすことができなくなっているからだとしたら。

もともと宮崎作品の流れの中で、「自然と人間の関係」は『もののけ姫』以前から徐々に描かれなくなってきていた。映画『風の谷のナウシカ』の後も『天空の城ラピュタ』で機械と自然の調和が描かれ、『となりのトトロ』では自然に包まれるような子供たちが描かれたのだが、その後の作品からは自然があまり描かれなくなって、しばらくそれが続いた後に突如『もののけ姫』で悲観的なメッセージが示される。では『もののけ姫』以後はどうなっていくのかと気にかけていたのだが、やはり『千と千尋の神隠し』には描かれていなかった。エンターテイメントは希望を語って終わらなければならない、と考えるならば、希望を語って嘘をつくようなテーマは避けたくなる。少なくとも宮崎駿というクリエーターは、嘘でも客が入ればいいとは考えていない。彼はそういう人である。

もし逆に『もののけ姫』がなかったとするならば、彼の興味の対象が変化した結果とも捉え得るが、そうした解釈の余地は残されていないように見える。これが漫画『風の谷のナウシカ』の物語の進展と関係しているのなら、つまり漫画での難しい状況が見えてくるに従って、安易に希望を語れなくなった結果だとするなら、筆者はそれを打開してもう一度宮崎監督に「自然と人間の関係」に希望を語ってほしいと願っていた。次の映画『ハウルの動く城』で筆者の不安は更に大きくなった。ジブリが後継者を育てようとして難しい状態に置かれていることも知っていたが、それは監督が既に年齢的に厳しくなっていることの表れでもある。『もののけ姫』後には引退を表明しながら現役を続行したが、今度こそ最終作品になるかもしれない。そうでなくともいつまで彼に気力が続くのか。そんな不安も後押しして、思い立って本書の里山論を個人的に宮崎監督に伝えるような行動をとった。「何か考え直す材料になるかもしれない。仮に無意味だったとしても、少なくとも悪い状況に陥る危険性は想定しにくいし」などと考えて。

従ってそれよりも後に制作された映画『崖の上のポニョ』は別として見るとしよう。その上で彼の作品を見渡せば、「自然と人間の関係」については映画『もののけ姫』が宮崎の到達点ということになる。そうであるならば『もののけ姫』は、宮崎駿が長い年月をかけて希求した「自然と人間の良い関係」に対する否定的な結論である、と見なさなければならない。『アルプスの少女ハイジ』の頃に始まり、おそらくは『未来少年コナン』注4 (p.184)を描く中で問題意識を深めて、そして漫画『風の谷のナウシカ』で足かけ一三年間も追求して、そして結局は挫折を経験した問題に、最後の区切りを付けた『もののけ姫』では正直に否定的結論を述べた。

だからアシタカは「自然と人間の良い関係」を願い、つかむことができないままに映画の終結後も願い続ける。断念するのではなく、求め続ける。アシタカの人物像から考えても無理なくそのように想像できるのではないかと思う。つまりジゴ坊に「バカには勝てん」と言わしめたアシタカならば、この物語の後の展開で経験するであろう度重なる敗北にも関わらず断念するのではなく、まるで事態を理解していないかのように願いを捨てないで行動するのではなかろうか。個人的に筆者は「生きろ。」というメッセージの意味を分析してみたことがある。その結論が「生きる」とは「繰り返す敗北に倦むことなく求め続ける」ことであるという具合になった。注5（p.185）そのように求め続けながらさまようのはアシタカだけでなく宮崎監督自身も同じである。

三　「里山」のメッセージ性

アシタカへの希望

これまで展開してきた『風の谷のナウシカ』から『もののけ姫』に至る、これらの宮崎作品の流れを踏まえて本書の里山論を振り返る。

この里山論は宮崎作品の中で追求された「自然と人間の関係」を正しく捉えてその延長上で、アシタカの願いに答えるものになっている。しかも、アシタカの控えめな「争わない」願いを超えて、もっと積極的に、互いにとって有益な「良い関係」で答える。アシタカの求めた「道」が「可能性」に後退したのを挽回するに十分な積極性をも備えている。注6（p.185）「里山」が「自然と人間の良い関係」であることは、見ようによっては稲葉の「青き清浄の地」の「平和」以上に、宮崎作品の流れの上に乗っているとも言える。漫画『風の谷のナウシカ』の出発点にあった「虫愛ずる姫君」が人々にもたらす平安、それは物語の展開の中で手の届かない場所へと逃げていってしまったが、その出発点に戻って「里山」がひとつの解答を与えている。

宮崎は漫画『風の谷のナウシカ』を一〇年以上の期間に亘って連載する中で、当初の想定を超えた「解決不能な問題」に取り組まなければならなくなった、と振り返っている。インタビュアーに対する

そうなんです。生命とは何かなんていう、解決できないとはじめから判っている問いを避けられなくなった。

（文献[45]、526頁）

のような言葉が表現しているもの、つまり「いのちの意味」は想定外の解決不能問題の最たるものだった。その解決を優先するために、当初想定していた「腐海との和解」は捨てることを余儀なくされた。その結果として「腐海との和解」は未解決な問題として残されることになり、未解決どころか永遠に断念したかのような結末が、漫画『風の谷のナウシカ』の末尾である。

こうした敗北感を宮崎自身の言葉でいえば、

緑の大切さを否定する人は、地球上に一人もいないと思うが、現実には緑を破壊しても別のことを優先させてしまっている。正しいとはわかっていても、それだけでは解決にならない。『ナウシカ』で言えば、「腐海」の役割がわかったからといって、人間は変わらない。相変わらず、同じことをやっていくのだ。自分自身、環境問題について、近所の川さらいなら参加するけど、集会に出席して自然保護を大声で訴えたりすることはしない。矛盾を抱え込んだまま生きている。

（文献[65]、158頁）

のように述べている。そこに現れている宮崎の心情は、「エンターテイナーとして作品には希望のメッ

セージを紡ぎ出そうとするが、本当はそれが嘘なのは自分が一番よく分かっている」というようなものなのである。繰り返し希望を求めて敗れ去り、それでもまた再び希望を抱こうとする。アシタカの持つ「しぶとい精神性」、と言ってよいだろうか、その精神性を宮崎自身が持ち合わせているが故に、現実と希望とのギャップから逃げずに作品を作り続けることになるのではないか。

漫画『風の谷のナウシカ』完成後に、彼は再び映画『もののけ姫』の中でこの問題を取り上げ、やはり最後には悲劇的結末を導いている。それに比べるといかにも非力な「生きろ。」のメッセージは、彼が希望を捨てたわけではないことを物語るわけであるが、宮崎自身が述べているように、彼は希望を求めたがつかむことには成功しなかった。希望をつかむことに成功せずに終わるであろうことを、漫画『風の谷のナウシカ』を連載することで確認した直後と言ってよいような、あのタイミングで取り組んだ作品が、映画『もののけ姫』ということになる。

この映画にもエンターテイメントとしての希望のメッセージは持たせているけれども、その一方で抜き差しならない真実を述べるところに、他の作品とは位置づけが異なっている。その決意を宮崎は次のように述べている。

真正面から問題を取り上げずに、横にある草花がきれいだねといっているだけでいいのか、草花がきれいというのはもういいから真正面から入ろうと、そういう覚悟を固めて入ろう、いまその時期が来たんだと思って、『もののけ姫』にとりかかったわけです。それがエンターテイメントとして成立しうるのかなどいろんなことを含めて、戸惑いとか不安はありました。そういう力量があるのかどうかとかね。さんざん悩みまし

たけど、とにかくやっちゃったんですよ。（文献[66]、30頁）

彼は漫画『風の谷のナウシカ』を経て、映画『風の谷のナウシカ』の時よりも映画『もののけ姫』では「自然と人間の良い関係」に悲観的になっている。「あの頃の方が幸せだった」とか、あるいは映画『千と千尋の神隠し』について

だから今回は、『ラピュタ』とか『ナウシカ』みたいに「こうあってほしい」とか、『もののけ姫』みたいに「残念ながらこうなんだ」という思いで作ってきた映画とはちょっと作り方が違う作品になりました。（文献[56]、44頁）

のように述べて、映画『もののけ姫』の悲観的なメッセージ性を告白している。

こうして宮崎の到達した否定的結論の中でも「人間＝自然環境に弊害」が再認識されていたのであるが、最新の科学的知見に基づく自然な価値判断を構成した結果、その認識は覆され、可能性としての「自然と人間の良い関係」までもが明らかになった。この結論は宮崎に、そしてアシタカに贈る希望のメッセージなのである。

新しい「里山」の意味を受けて

そうであるならば人間は、これまでのように「自然にかける迷惑を減らそうと努める」のではなく、

今や「自然のためにも将来に亘って生きていかなければならない」のである。やや深入りした言い方をすれば、人間は自然から大きな役割を期待されているとも言えよう。身を小さく肩を狭めて許しを得ようとしていた我々の肩には、今やずしりと重い荷がかかってきている。

本書の半ば(83頁)にも述べたように、自然への人間の影響を小さくする企ては影響を逆転する企てよりも、かえって実現が難しく、リアリティーを欠いた目標である。影響を小さくすることができないとするならば、それは一面として人間が自然から離れることを断念させる働きを持つのであるが、何のことはない自然は人間からの良い影響を必要としていた。それが結論である。

現在の人類は確かに自然を破壊する方向に大きく傾斜している。こうした状況が生み出した「人間=自然環境に弊害」の呪縛から、我々は抜け出すことができなくなっていた。抜け出せないのは単に「我々が」というだけでなく、宮崎駿自信も呪縛に囚われていたと言っていいかもしれない。その呪縛が解けないものであることを創作活動の中で再確認した宮崎の敗北感は、深くて後々に残る痛手だったのに違いない。自然と人間の関係に対する関心は宮崎駿のこだわりである。前章までの里山論はその宮崎作品の流れの中にきれいに沿っていて、彼も解き明かすことのできなかった真実を明らかにして、アシタカの願いに答えたことになっている。

映画の終盤でのアシタカのセリフに「まだ終わらない。私たちが生きているのだから」というのがある。絶望的状況にも屈しなかった彼の態度に、もっと具体的で論理的に裏打ちされた希望の根拠を与える。このように宮崎作品への解答が、しかも彼の結論を覆して肯定的な解答が示されるのは、おそらく初めてなのではないだろうか。その辺が「里山」の魅力なのである。

★注

▼1（166頁）この立場を採ることは、環境保護の主流となってしまった考え方に反旗を翻すことを意味する。分かりやすい例は外来生物であるが、言い換えれば人為的に自然分布から外れる地域に運ばれた生物である。最近の趨勢では外来生物であるだけで駆除対象と見なされるようになってきているが、ナウシカの基準、つまり生物の由来には拘泥せずに、今現在の状況に照らして判断するのであれば、外来生物であることは駆除の理由にならない。もし駆除対象になるとすれば、侵略的外来生物の場合に、生態系のバランスを考慮して駆除が求められる場合に限られる。

ここで侵略的外来生物とは、猛烈に繁殖してしまって他の生物を駆逐して生態系のバランスを乱すような生物である。それが外来生物を駆除する元来の理由になっているが、実際には外来生物だからと言って侵略的とは限らない。確かに侵略的振舞いは外来生物に多いのであるが、それでも圧倒的多数の外来生物は新たな土地に定着できず、ごく少数が定着に成功して、その中の更に少数が侵略的になる。しかも侵略的に外来生物が振る舞っている地域はまず都会、次に農村で、自然生態系の場所となると、日本の大部分の地域ではそこに定着することさえも難しいようだ。そもそも都会のような人為攪乱の激しい場所では、外来生物が侵入しなくても、在来生物の中から限られた少数のものが一人勝ちして侵略的になってしまうような条件が整っている。在来生物との比較では確かに外来生物の方が侵略的なものが多いとは言えても、外来生物の中で侵略的なものはごく限られ、その侵略の意味も通常言われているのとは異なり、在来生態系への侵略ではなく、もし外来生物が来なければ在来生物の中から侵略的なものが現れて成立したはずの「架空の侵略的生態系」に対する侵略なのである。そんなわけで外来生物という括りは現実には侵略性と全く対応していない。

そこで改めて「今」という判断基準に照らして考えよう。その場合の判断基準は「外来か否か」ではなく、「侵略的か否か」の方に置くべきことになる。「外来生物」というレッテルで判断して駆除対象を決める現在の環境保護政策は、現在ではなく過去を判断基準にしているので、ナウシカの基準に沿っていない。新たな生物を移動するときにはその時点で判断して、それが侵略的になる危険性を考慮した結果、抑制的な政策を採るのならば間違ってはいないのであるが、既に移動してきてその場所に生息している生物に対しては、過去に外からやってきたことが駆除理由になるのは適当でない。

▼2（168頁）　漫画『風の谷のナウシカ』に対しては多くの議論がネット上に表現されている。以前それを調べたことがある。そこで気づいたことのひとつには、この「王蟲の体液と墓のそれとが同じだった」との台詞への言及が見当たらなかった。その反面、ナウシカが人類の存亡に関わる決断を個人の判断で決定してしまったこと、つまり墓を抹殺することで人類の滅亡を運命的なものにしてしまったことについては、非常の多くのナウシカファンが憂慮を述べていた。

人類の滅亡が重大であることは筆者も同意見ではあるが、ナウシカの目指した理想、つまり他生物までも含めた平和の希求という点については、コアなファンというべき人々にさえもナウシカの気持ちは本当には届いていないのではないか。そしてまた作者宮崎の心も宙に浮いたまま、多くのファンがいるにも関わらず、孤独な思いを募らせる原因になりはしないだろうか。少なくとも筆者の受け止め方は多くのファンと少し違うことは間違いないが、宮崎の心が多数派よりも筆者に近かった場合、実際この台詞の存在はそれが正しいことを示唆するのであるが、宮崎はファンの多さに比例して孤独を深めるであろうことを想像して筆者は胸を痛めた。

▼3（169頁）　墓を作った過去の人間たちは、大地を汚染して絶えず戦争に明け暮れる現実を挽回して、争いのない理想的な世界を実現すべく、そのための仕掛けを作った理想家たちである。だが本文中に述べたように、その仕掛けは否応なく理想の世界を実現するように仕組まれていたために、これをナウシカたちが受け入れることは、未来を切り開く「いのち」の可能性を否定することになってしまった。未来があらかじめ決まっていて私たちが何をしても変わらないのだとしたら、その未来が仮に理想世界だったとしても、私たちに生きる意味はあるのだろうか。それがここで言う「いのち」の問題である。

しかし現実世界に適用するには、科学的に不可能な仕掛けであることに言及しておいた方がよいかもしれない。科学は「何かを可能にする」側面ばかりが強調されがちだが、同時に「何かが不可能であることを悟らせる」役割も持っている。今の場合「完全に未来を設計することは不可能である」ことが、カオス理論や量子論などの帰結として得られる。科学技術の発展による未来の可能性の範囲もまた、科学によって制約される。将来その制約を逃れて完全な未来を設計できる可能性は、今の科学的知見が間違っている場合、つまり如何にもありそうにない場合、に限られる。

だが同時に科学にはそれ自身の中に「いのち」の問題を内在させている。通常「決定論の問題」と呼ばれているもので、人間の体も物質でできていて、我々の行動も物理法則によって決まっていると見たときに、我々の自由意志の居場所がなくなる。前述の通り狭い意味での決定論はカオス理論などによって否定されるかもしれないが、依然として科学は我々に自由意志の余地を残してくれていないし、最近の医学や分子生物学の発展状況はいよいよ「生物＝精密機械」を立証するばかりである。「決定論の問題」の本質は、未来予測可能性の問題ではなく自由意志の問題なので、こうした状況に陥っているのである。

▼4（176頁）物語の設定が『風の谷のナウシカ』と似ている。最終戦争の結果荒廃した未来の地球環境が描かれていて、その中で主人公のコナンは希望を持って活発に行動する少年である。

両作品の共通点を挙げればいろいろあるが、その中で特に注目したいのは、未来のイメージを科学技術の発展した高度文明社会としてではなく、むしろ逆に荒廃した地球環境として描いている点である。映画にも漫画にも小説にも多くの作品の中で未来が舞台として描かれているが、その中で荒廃した地球を設定する作品はむしろ少数派である。『未来少年コナン』には原作があり、荒廃した地球を想定することは原作からそのまま引き継いだ格好になっているから宮崎駿の独創ではない。しかしこれとよく似た未来の地球を『風の谷のナウシカ』で描いたということは、宮崎が未来について発展した文明社会よりも荒廃した地球環境の方に現実味を感じていた、と解釈できないだろうか。もちろん別の解釈をすれば、『風の谷のナウシカ』の登場人物たちが活躍する舞台として荒廃した地球が適していたのかも知れないが、彼の創作態度を考えるならば、少なくとも一定程度のリアリティーは認めていたと見るべきだろう。

さてそうすると、漫画『風の谷のナウシカ』を書き進める中で破滅的状況の悪循環を断ち切れなかった経験を経た後に、「この悲観的結論が真実であって欲しくない」と願う作者の視線から見て、最後の望みを期待するとすれば、物語の出発点の設定に注意が向けられはしないだろうか。もしそれが他の作家への共感に始まるものであるとするならば、比較の問題として、自分自身で物語の自発的発展を追いかけた「仮想実験」に比べれば現実世界を映し出している確実性が低いものと考えることができそうだ。「もしかしたら出発点の設定が厳しすぎたのではあるまいか。その辺を改めて精査して現実的な設定で描き始めれば、エンターテイメントとして成立するか否かは別として、とにかくはもう少しましな未来が予測されて、それがナウシカの世界よりも真実の地球の未来に近いのだとすれば……」というような願望である。

作家の内面に関わるこうした想像は全く見当外れになる危険性を孕んでいて、結局はひとつの可能性に過ぎないことは認めた上で、仮にこのような想像が正しいのだとしてその後の作者の内面を考えてみると、漫画『風の谷のナウシカ』の脱稿後すぐにイースター島の文明崩壊に関する新学説を読んだということで、すぐさま最後の望みまでも絶たれてしまったことになるだろう。彼にとって「イースター島」との出会いは最後の一撃になってしまった可能性がある、そんな具合に筆者は感じている。

ただし念のため改めてもう一度注釈しておくと、江戸時代を反例のひとつとして歴史の示す証拠によれば、人類は失敗した実例と同時に成功した実例も残している。だから「イースター島」だけを見て予測した未来は、真の確率論的期待値に対して少し悲観的に過ぎる未来像であると判断するのが妥当である。
▼5（177頁）もう少し説明を加えると、「二つの極端のいずれでもなく」ということになる。ひとつ目は本文中にも書いた「圧倒的困難の前に敗北を繰り返すとしても、それで気力を失うことなく努力を続ける」ことであるが、もうひとつは「困難を打ち破るためであっても無謀な自殺行為に走らない」ことである。映画の中ではその二番目の「生きない」状態にあるサンに対して、アシタカが「生きろ」と呼びかけている。
とりあえず「生きる」の原義が「死なない」ことであるとするならば、その趣旨に沿ってまず先に思い浮かぶのはふたつ目の意味の方が順当かも知れないが、漫画『風の谷のナウシカ』の最後で問題となった「いのち」の問題や『ナウシカ解読』における稲葉の議論も考慮に入れて、『もののけ姫』の「生きろ」はひとつ目の意味も含む積極的な内容である、と筆者は結論づけた。その結果「生きる」とは、丹念に自分の為し得ることを積み上げていくような地道な行為を継続していくことになる。実際にアシタカはそのように行動している。映画『もののけ姫』の「生きろ」とのメッセージはそういう意味だということになる。
▼6（177頁）もしかしたら『もののけ姫』と「里山」の関係は皮肉と捉えることも可能かもしれない。映画『もののけ姫』は「里山」の成立期を取り上げていて、宮崎監督はそれを「人間が自然を征服した時期である」との趣旨で各所に述べている。ところが本書で明らかにされたのは、その征服の結果生まれた「里山」が「自然と人間の良い関係」であると言うのだから、『もののけ姫』はまるで見当外れだったと捉えることも可能である。しかしながら筆者はこの皮肉な偶然を否定的には捉えていない。価値観に関わる皮肉な逆転は、漫画『風の谷のナウシカ』でたびたび繰り返されたものである。そして本書の里山論を

構成するのに必要な発想の転換の多くが、宮崎作品の中にも同じものが見られることを発見してきた。そういう意味ではむしろこの里山論は『もののけ姫』の素直な続編と言えなくもない。

補足

科学上の問題

最後に残された科学上の問題点について補足しておくべきであろう。この里山論を展開するタイミングとして、筆者は最良であると考えているが、科学的真実を完璧に解き明かしてからでなければ、その上に立つ思想的枠組みを構築すべきでない、と考える立場を採るならば、先走った議論と評価することになろう。

里山生態系に固有な生物たちはいったいどこから来たのか。この問いに答えるのが実は甚だ難しい。その点が多くの科学者に「本来なら里山生態系を保全しなくても生物の大絶滅は起きないはずであり、何か間違っているはずだ」と考えさせる理由にもなっている。しかしながら「里山に依存して生きる生物が多く存在する」事実と、現在の科学的知識でその事実が説明しやすいか否か、とは区別して考える必要があり、むしろ本来は科学的知識の方を事実に沿って修正するべきものである。そのような立場で考えれば、「この事実を如何に説明するか」が課題として残る。

これに対する筆者の見解は、幾つかの要因の重ね合わせで説明しようとするものである。まず清[13]

の見解は受け入れられる。自然生態系の中でも海岸線であるとか、谷筋、尾根筋、更にその中の限定された環境に適応した生物が存在していた。彼らは里山が成立する前の時代に「絶滅危惧種」に相当する立場にあったものが、里山の出現によって新天地を得て数を増やしたのかもしれない。更に66頁に紹介した守山[42]の議論ではもっと精密な議論が展開されて、最終氷期の時代の生物たちに、主として雑木林の生物たちの起源を求めることに成功している。こうした「過去の生態系タイムカプセル説」は科学的にも無理がないという点で、最初に考慮に入れるべき仮説であるが、里山依存生物の驚異的多様性を考えると、これ単一の要因では不足する印象が残る。

次に、大陸との人間の交流は里山の成立以前から存在したので、かなりの数の生物が大陸から持ち込まれたものと推定されている。これは標準的な生物学者の意見に従ったもので、史前帰化と呼ばれるものであるが、実は多少の問題もある。そのように推定される生物でも現在大陸に存在しないものが少なくないので、かつては存在したことを立証することが必要だが、現状では十分に立証できていない。少々安易に大陸に起源を求めすぎている嫌いもある。もしかしたら、ひとつ目の「過去の生態系タイムカプセル」の生物まで、日本に生息環境がないだけの理由で大陸起源としてしまっている可能性もある。しかし大陸起源でありながら今の大陸に生息できない生物があるとすると、その結果として里山生態系保全の意義が生まれる面もある。彼らの生息場所が現状では他にないからである。

最後に、里山生態系の成立過程のように数百年の時間スケールで進行する現象では、生物進化速度が無視できないのではないかと考えている。何故かというと、例えば農薬に対する耐性を昆虫などの小動物が得るための期間は、数十年しか要しないことが少なくないことを我々は知っている。農薬以外にも筆者の住む佐賀平野では、突然キマダラカメムシという帰化昆虫が長崎から分布を広げてきて一気に普通種になってしまった。彼らが長崎で絶滅寸前の状態で生き延びていたときに、何か新しい形質を獲得して日本の風土に適応した可能性が高い。これもまた数十年以内の時間単位で起きた現象である。形態が変わらないと形態分類学に響かないと言うなら、わずか一〇年足らずで微妙ながら明らかに昆虫の形態が変わってしまった、という事態も目の当たりにして困惑狼狽させられた経験がある。古い標本を大量に残しておけば統計的有意差が検出できたろうに、と後から悔しく思ったものである。

これらの微小な進化が新しい種の誕生と呼び得るまでの距離感は確かに大きいが、進化の時間尺度を考えるために生物学が利用してきた化石の間の変異に比べると、今の場合にはかなり小さな変異を問題にすればよく、環境への適応という意味では、化石よりも農薬耐性などの方に近い問題である。里山に入ってきて数百年の時を経て、彼らがもはや元の環境に戻れなくなっているとしても不思議はないと見るべきではないだろうか。

伝統的にひとつの種の中で発生するミクロな変異と別種とされる変異の間には明確な区別がなされ、超えることのできない質的な壁があるかのように取り扱ってきたが、最近になって様相が変わりつつあるようだ。遺伝子解析が気楽に行われるようになったことで、それらの間に数量的に比較できる大小関係が見えてきている[67]。また遺伝子を対象とした進化シミュレーションも盛んになってきている。

これらの研究から現実的な進化時間の尺度を割り出すにはまだ問題も多く、まして本書での関心に直接答える性格の研究がなされているわけでもないのだが、近年の目覚ましい研究動向から考えると、この点に関する筆者の見解が正しいかどうか、判明するのはそう先のことでないかもしれない。

このように議論を展開してきたが、やはり「里山に依存する生物が多い」事実を完全に説明したと言い切れないものを感じている。何よりも筆者の見解は未検証な仮説に止まる。それらの生物の出自を矛盾なく説明することは、科学の問題としてまだ残された課題と言うべきだろう。だが事実認識として「里山以外に生息場所がない生物が多くいる」ことが否定される可能性は、もはや残されていないと考えてよいだろう。

本論の中でも述べたように、いくつかの点で生態学者の主流とは異なる意見を持っているのであるが、その中で論理的要諦である「里山は例外でない」という点については、筆者個人の直観では、今後一〇年とはかからずに筆者のような意見が主流になるのではないかと予想している。筆者がこれを言い始めてからまだ一〇年程しか経たないが、当時は筆者の見解は孤独感に囚われるほどに珍奇なものだった。ところがここ数年の内にすっかり様変わりして、最近では同じような議論をよく耳にするようになってきた。依然として里山を例外と見て「人間＝自然環境に弊害」の図式が成り立つと考えている生粋の生態学者の方が、今となっては社会の中で少数派になりつつあるように見える。それだけに早めにこの小論を公にしておきたかったのである。

里山の保全活動に対して

そしてもう一点、里山の保全活動に対する筆者の立場を明確にしておく。結論的には筆者も「無謀でない程度に小規模に里山生態系を残す」ことに賛成である。

その理由は、もしかしたら再び「自然と人間の良い関係」に辿り着くかもしれないから、その可能性に準備するために少しでも多くの生物を維持しておこう、というものである。だから、一般的な生態学者の考える目標、即ち「未来に亘って里山生態系をそのまま維持しよう」とするのとは大きく異なる。また時々耳にする「遺伝子の利用可能性を残す」目的でもない。冒頭で筆者は「何が何でも人間に利用価値がなければならない」とする価値判断の方法に言及しながら、その立場を取らなかった。遺伝子利用を目的とする立場は筆者が冒頭で捨てたものである。いずれにしても目的が違うのであるから、規模も小さく、ある程度の絶滅も容認しながら、と考える。

実際に今の状況で人間が里山生態系を保全する動機として、普通に思いつく範囲では「余暇を楽しむ」などのようなものになるだろう。その動機の大きさと釣り合う程度の労力を保全活動に注ぎ込む。そうした活動は各地で既に行われていて、大学の演習林[68]などでは、我々のコミュニティー内での立場上からも学問的知識の面からも、高いレベルでの保全活動を実現しやすい。また32頁に紹介した労力を小さくするための手法は、正確には元の里山生態系を再現しないながらも、ほぼ同等のものを軽度の労力で実現する。これらの方法で雑木林類似環境は保全されるとして、労力的困難において解決が難しいのは、草地の刈り取りや水路の浚渫であろう。

保全の動機に関連して動物愛護に触れておく。マスコミなどで生態系保全の必要性が報じられるときには、動物の映像を利用して感情を揺さぶる場面が多いため、動物愛護と生態系保全を同一視しかねないのであるが、これらは完全に異質で個別の政策において頻繁に衝突する。狭い意味での動物愛護は家畜や愛玩動物に限定するので、生態系との関わりが発生しないが、広い意味での動物愛護を主張する団体には、生態系のバランスを維持するための動物の間引きに反対するものも多い。マングース捕獲の映像を見てマングースに同情すること、森林保全のための鹿の駆除への反発、また町の生態系悪化要因であるにも関わらず猫の放し飼いが止められない原因、更には最近シーシェパードの先鋭化した活動で我々の注意を引いている捕鯨への反対なども動物愛護の延長上にある。捕鯨はともかくマングースや鹿、猫は生態系保全と動物愛護が衝突する場面である。

猫については少し説明が必要かもしれない。町の中の生態系の頂点に立つのは猫とカラスである。猫やカラスがアンバランスに多いために、その下位に位置する小動物たちの生存が脅かされ、更に下位の生物には不当に外敵が少なく……、という状況が起こっている。野良猫への餌やりが結果的にカラスも餌付けすることになって生じる近所迷惑が最近のニュースに出ていたが、猫もカラスも町の中で安全が保証されている。それだけでなく我々の出すゴミによっても養われていて、生態系が本来養うはずの適正個体数を桁違いに超えて増えてしまっている。

里山に限らず生態系を保全する動機として、情緒に訴えることのできる動物愛護は強力なようであるが、特定の哺乳類や鳥類に偏って彼らの苦痛を取り除こうとするのが本質であるから、具体的な活動に入ると逆に生態系全体の平衡を崩してしまう作用を持つ。残念ながら動物愛護を生態系保全の動機付けにすることはできないばかりか、対立せねばならないことも多い。

さて人間の動機の大きさから考えて、小規模な里山生態系しか保全できないのだとするならば、それは多くの絶滅危惧種を抱えたままの状態を継続することになる。しかし絶滅危惧種が数多く存在する今の状況は、かつて人間が「里山」を作る以前の状況そのものでもある。その意味において本来健全なのであるから、実際里山生態系は小規模に保全するだけで事足りるのである。

そして仮に将来再び「自然と人間の良い関係」が再来したときに、里山生態系の生物種がそのまま居場所を得るとは限らない。その生き残った生物たちの中から更に篩い分けがなされて、幸運に恵まれる生物種が数を増やすことを想定している。その時に生物たちが新しい環境に適応する期間が、里山生態系を小規模なりとも維持していた場合の方が短期間で済むだろう。そのようなもくろみから今は、里山生態系の小規模な保全政策を採りたい。

しかしながらもっと本質的な事柄である、どうすれば再び「自然と人間の良い関係」に辿り着くことができるのか、それに対する答えはほとんど持ち合わせていない。さしあたって「里山」を分析して分かることは、当時の人々が必要に迫られて大地に施した加工が、里山生態系の生物を呼び込むような性質のものだったと言うことである。人間の大地への働きかけがそのような結果をもたらした直接の原因は、本書で見たように、水路を築いたり、草地、雑木林を維持したりして、大地の構造を複雑化させるような性質のものだったからに違いない。

そこで来るべき「自然と人間の良い関係」も、人々が自らの内発的な必要性から大地を複雑化する作業に駆り立てられるような構造を持った社会によって実現される。では具体的に如何にすれば、今我々が生きているこの世界を出発点にして、そのような社会が実現される得るのか、やはり道筋は見えてこない。

先に述べたように、エネルギー源として全面的なバイオマス利用に戻ることは不適切な選択だと考えるのだが、部分的にほどよいバイオマス利用が復活するような社会を構想できるのか否か、ただ落ち葉や薪を利用するだけでなく段々畑や溜池、あるいはそれに代わる構造物を人間が必要とする社会が構想できたとして、我々がそれに至る道筋まで描くことができるのか、どこから手をつけてよいか途方に暮れるばかりである。このように道筋が見えないことは、「里山」が真実に「青き清浄の地」であり、決してそれ自体には辿り着くことができないことと根を同じくするものと捉えている。

人間存在が自然から肯定されることを筆者は望むのであるが、それを人間の行動指針にしようとは考えない。ディープ・エコロジーに関してしばしば批判されているような問題、つまり「人間が多すぎるから間引きせよ」などと結論する可能性は、意味ある程の人口削減を現実に実行し得るか考えると、ほとんど唯一の可能な結末は失敗であり、無策と等価である。結局、論理的に帰結し得るという点で面白いだけの話題にすぎないのではないだろうか。

しかしながら、このようなディープ・エコロジーに対する批判が成立するための前提として「人間＝自然環境に弊害」が必要である。それに対する反証として、今や、再び未来に「自然と人間の良い関係」に辿り着く可能性があることを示した形になっている。ただしその可能性が実現するか否かは、ディープエコロジーの主張するような我々の内面改革ではなく、それ以上に社会システムに依存するものと筆者は見ている。

「里山」は日本限定なのか

触れる機会がないまま最後まで来てしまったが、里山と里山生態系の生物多様性は日本の歴史の中の存在である。そのことが日本の風土と社会の持つ特異性に由来するのか、それとも世界の他の地域にも共通するのか、その点は気になるところである。もし日本の特殊事情が関わっているのであれば、本書で考えてきた事柄も世界に適用する普遍性を持たないことになる。

その場合には、過去における「自然と人間の良い関係」の実在としての価値、そしてそれが未来に再び「自然と人間の良い関係」を希求する礎となる点においても、更に続けて議論した稲葉の「青き清浄の地」の意味づけや、宮崎作品の中の「自然と人間の良い関係」への希望、これら全ての内容が日本地域限定になる。

言うまでもなく普遍的であることを望むのであるが、現状では日本の里山以上に不確かな情報しか筆者は持たない。だが不確かながらも推定するならば、これは日本限定ではなく、世界共通の希望と見てよいように思われる。

ジャレド・ダイヤモンドが紹介するニューギニア高地人などの農業生産[47]の中身や、ヨーロッパで産業革命以前に行われた焼畑などの持続農法が持つであろう生態系への攪乱の影響は、質的に日本における里山のものと近く、ちょうど中規模仮説が主張する生物多様度を高める条件に適合するように思われる。そしてインドでの伝統的農法が、商品作物のみを栽培する画一的プランテーションに置き換えられる現状への異議申し立てを、生物多様性の観点から展開する主張[69]も、実際に生物多様度を調査結果から導いたのではなく、データに基づく議論ではないながらも、インドの伝統的な持続農法が生物多様性に優れるとの認識があってのものである。

証拠という意味では日本の里山以上に希薄であるが、条件は日本の里山と基本的に同じであるから、詳細に調査したならば同じ結論に導かれる可能性が高い。とは言っても比較対象は本来から言って、現在の大規模集約農業ではなく、農耕以前の自然生態系であるから、世界各地で調べたなら違った結論に達する可能性も十分にある。そういう意味で決して見通しは良くないのであるが、敢えて推定するならば、特に根拠がない限りは日本の里山と同じ結論を推測するのが妥当である。

ここから先は本当に推測にすぎないのであるが、世界の他の地域でも伝統的な農業が自然へもたらす人為的攪乱は、生物多様性を高める普遍的な可能性を秘めたものである。そのように推定して構わないのであるならば、ここに展開した里山論は全世界に発信できる普遍的な希望の礎である。

引用文献

[1] 稲葉振一郎『ナウシカ解読――ユートピアの臨界』窓社、一九九六年
[2] 鷲谷いづみ『自然再生――持続可能な生態系のために』中央公論新社、二〇〇四年
[3] 小原秀雄監修『環境思想の系譜 1環境思想の出現～3環境思想の多様な展開』東海大学出版会、一九九五年
[4] 入江重吉『エコロジー思想と現代――進化論から読み解く環境問題』昭和堂、二〇〇八年
[5] 鬼頭秀一『自然保護を問い直す――環境倫理とネットワーク』筑摩書房、一九九六年
[6] 広木詔三編『里山の生態学――その成り立ちと保全のあり方』名古屋大学出版会、二〇〇二年
[7] 鈴木兵二／伊藤秀三／豊原源太郎『植生調査法Ⅱ――植物社会学的研究法――』共立出版、一九八五年
[8] 宮脇昭編著『日本植生誌 1屋久島～10沖縄・小笠原』至文堂、一九八〇～一九八九年
[9] 宮脇昭『緑回復の処方箋――世界の植生から見た日本』朝日新聞社、一九九一年
[10] 佐藤洋一郎『クスノキと日本人――知られざる古代巨樹信仰』八坂書房、二〇〇四年
[11] 中西哲／大葉達之／武田義明／服部保『日本の植生図鑑〈Ⅰ〉森林』保育社、一九八三年
[12] 環境省自然環境局編『日本の植生Ⅱ――第5回自然環境保全基礎調査植生調査報告書』自然環境研究センター、二〇〇四年
[13] 清邦彦『富士山にすめなかった蝶たち』築地書館、一九八八年
[14] 環境庁自然環境局野生生物課編『改訂・日本の絶滅のおそれのある野生生物1～9』自然環境研究センター、二〇〇〇年～二〇〇六年／報道発表資料 二〇〇六年、二〇〇七年

[15] 竹内和彦／鷲谷いづみ／恒川篤史編『里山の環境学』東京大学出版会、二〇〇一年
[16] 村田浩平『野焼きとオオルリシジミ』インセクタリウム 第三六巻 第一〇号、三〇〇～三〇四頁、一九九九年
[17] 山内康二／高橋佳孝『阿蘇千年の草原の現状と市民参加による保全へのとりくみ』日本草地学会誌 第四八巻第三号、二九〇～二九八頁、二〇〇二年
[18] 豊原源太郎『燃料文明と植物社会』日本の植生——侵略と攪乱の生態学、七三～九〇頁、矢野悟道編、東海大学出版会、一九八八年
[19] 中川重年『Watching 樹木図鑑——雑木林の樹木』週刊日本の樹木 第二〇巻、一四～二五頁、二〇〇四年
[20] 丸木英明／田代頼孝『三富新田集落における雑木林の管理の状態と所有者の居住地の関連性』ランドスケープ研究 第六七巻 第五号、八〇三～八〇八頁
[21] 姉崎一馬『森を読む愉しみ——照葉樹林の若い森、古い森』週刊日本の樹木 第九巻、二六～二七頁、二〇〇四年
[22] 上赤博文『ちょっと待ってケナフ！これでいいのビオトープ？』地人書館、二〇〇一年
[23] 波田善夫『タンポポの分布の現状と未来』日本の植生——侵略と攪乱の生態学、一五九～一六九頁、矢野悟道編、東海大学出版会、一九八八年
[24] 森田竜義『タンポポの無融合生殖——世界に分布を広げたクローン植物』採集と飼育 第五〇巻 第三号、一二八～一三二頁、一九八八年
[25] 山野美鈴／芝池博幸／浜口哲一／井手任『「身近な生きもの調査」を利用したタンポポ属植物の雑種分布に関する解析』環境情報科学論文集 第一六巻、三五七～三六二頁、二〇〇二年

[26] 千葉徳爾『はげ山の研究』増補改訂、そしえて、一九九一年
[27] 伊藤嘉昭／佐藤一憲『種の多様性比較のための指数の問題点』生物科学 第五三巻 第四号、二〇四〜二一〇頁、二〇〇二年
[28] Christopher J. Humphries, Paul H. Williams and Richard I. Vane-Wright, Measuring Biodiversity Value for Conservation, Annual Review of Ecology and Systematics vol.26 (1995) pp.93-111
[29] Daniel P. Faith, Simon Ferrier and Paul Walker, The ED Strategy: How Species-Level Surrogates Indicate General Biodiversity Patterns through an 'Environmental Diversity' Perspective, Journal of Biogeography vol.31 (2004) pp.1207-1217
[30] 武田義明『里山林の群落生態学的研究——夏緑樹林の群落体系——』神戸大学学位論文、二〇〇四年
[31] 山瀬敬太郎／服部保／三上幸三／田中明『兵庫方式による里山林の植生管理がその後の種多様性と種組成に及ぼす効果』ランドスケープ研究 第六八巻 第五号、六五五〜六五八頁、二〇〇五年
[32] 山瀬敬太郎『夏緑二次林における高木環状剥皮枯殺後の草本層植生の変化とコナラ稚樹の消長』ランドスケープ研究 第六七巻 第五号、五五五〜五五八頁、二〇〇四年
[33] 井上大成『森林の成長に伴うチョウ類群集の変化』生態学からみた里やまの自然と保護、石井実監修、日本自然保護協会編、講談社、三六〜三九頁、二〇〇五年
[34] Hajime Fukada, Snake Life History in Kyoto, Impact Shuppankai, 1992
[35] Joseph H. Connell, Diversity in Tropical Rain Forests and Coral Reefs, Science vol.199 (1978) pp.1302-1310

[36] Joseph H. Connell, Tropical Rain Forests and Coral Reefs as Open Non-Equilibrium Systems, Population Dynamics – The 20th Symposium of the British Ecological Society, eds. R. M. Anderson, B. D. Turner and L. R. Taylor, Blackwell Scientific Publications, Oxford, pp.141-163, 1979
[37] 露崎史朗『攪乱と植物群集』攪乱と遷移の自然史――空き地の植物生態学、三～一五頁、重定南奈子／露崎史朗編、北海道大学出版会、二〇〇八年
[38] 日本直翅類学会編『バッタ・コオロギ・キリギリス大図鑑』北海道大学出版会、二〇〇六年
[39] 池田清彦『外来生物事典』東京書籍、二〇〇六年
[40] 松村正治『環境事典』旬報社、二〇〇八年、二一七頁
[41] 堀田恭子『自然保護の変遷――諸制度・問題群・運動の視点から』地球環境問題と環境政策、一九三～二〇八頁、生野正剛／早野隆司／姫野順一編、ミネルヴァ書房、二〇〇三年
[42] 守山弘『自然を守るとはどういうことか』農山漁村文化協会、一九八八年
[43] 海上知明『環境思想――歴史と体系』ＮＴＴ出版、二〇〇五年
[44] 宮崎駿『風の谷のナウシカ1～7』徳間書店、一九八四～一九九五年
[45] 宮崎駿『「風の谷のナウシカ」完結の、いま――物語は終わらない』出発点 1979～1996、五二一～五三五頁、徳間書店、一九九六年　初出＝『よむ』一九九四年六月号
[46] ジョセフ・ホッフバウアー／カール・シグムント『進化ゲームと微分方程式』竹内康博／佐藤一憲／宮崎倫子訳、現代数学社、二〇〇一年　原著＝J. Hofbauer and K. Sigmund, Evolutionary Games and Population Dynamics, Cambridge University Press, 1998

[47] ジャレド・ダイヤモンド『文明崩壊 上・下』楡井浩一訳、草思社、二〇〇五年 原著＝J. Diamond, Collapse – How Societies Choose to Fail or Succeed, Vinking Adult, 2004
[48] 宮崎駿『風の帰る場所――ナウシカから千尋までの軌跡』ロッキング・オン、二〇〇二年
[49] 速水融『歴史人口学で見た日本』文藝春秋、二〇〇一年
[50] ディヴィット・ペッパー『環境保護の原点を考える 科学とテクノロジーの検証』柴田和子訳、青弓社、一九九四年 原著＝David Pepper, The Roots of Modern Environmentalism, Croom Helm, 1986
[51] 丸山徳次／宮浦富保編『里山学のまなざし 〈森のある大学〉から』昭和堂、二〇〇九年
[52] 白水士郎『環境プラグマティズムと新たな環境倫理学の使命――「自然の権利」と「里山」の再解釈に向けて』応用倫理学講義2 環境、越智貢／金井淑子／川本隆史／高橋久一郎／中岡成文／丸山徳次／水谷雅彦、岩波書店、二〇〇四年
[53] 鬼頭秀一／福永真弓編『環境倫理学』東京大学出版会、二〇〇九年
[54] クライブ・ポンティング『緑の世界史 上・下』石弘之／京都大学環境史研究会訳、朝日新聞社、一九九四年 原著＝C. Ponting, A Green History of the World, St Martins Press, 1992
[55] 中村誠一『マヤ文明を掘る――コパン王国の物語』日本放送出版協会、二〇〇七年
[56] 宮崎駿 ロングインタビュー『千尋と不思議の町』三四～四五頁、角川書店、二〇〇一年
[57] 日本学術振興会・植物バイオ第160委員会『救え！ 世界の食糧危機――ここまできた遺伝子組み換え作物』化学同人、二〇〇九年
[58] 中村聡『自然の周縁――裏側から見た里山論』周縁学〈九州／ヨーロッパ〉の近代を掘る、木原誠／吉岡剛彦／高橋良輔編、昭和堂、一四六～一六三頁、二〇一〇年

[59] 中村三春『液状化する身体――「風に谷のナウシカ」の世界』ジブリの森へ 増補版、米村みゆき編、森話社、二〇〇八年
[60] 宮崎駿『風の谷のナウシカ』DVD スタジオジブリ、二〇〇三年
[61] 宮崎駿『スタジオジブリ絵コンテ全集11 もののけ姫』徳間書店、二〇〇二年
[62] 宮崎駿『もののけ姫』DVD スタジオジブリ、一九九七年
[63] 叶精二『「もののけ姫」を読み解く』ふゅーじょんぷろだくと、一九九七年
[64] 一柳廣孝『境界者たちの行方――「もののけ姫」を読む』ジブリの森へ 増補版、米村みゆき編、森話社、二〇〇八年
[65] 井上静『宮崎駿 映像と思想の錬金術師』社会評論社、二〇〇四年
[66] 宮崎駿『森の持つ根源的な力は人間の心の中にも生きている――「もののけ姫」の演出を語る』折り返し点1997~2008、二八~四二頁、岩波書店、二〇〇八年 初出＝『シネ・フロント』一九九七年七月号
[67] 根井正利／S・クマー『分子進化と分子系統学』根井正利監訳・改訂、大田竜也／竹崎直子訳、培風館、二〇〇六年 原著＝M. Nei and S. Kumar, Molecular Evolution and Phylogenetics, Oxford University Press, 2000
[68] 石城謙吉『森林と人間――ある都市近郊林の物語』岩波書店、二〇〇八年
[69] ヴァンダナ・シヴァ『生物多様性の危機――精神のモノカルチャー』戸田清／鶴田由紀訳、明石書店、二〇〇三年 原著＝Vandana Shiva, Monoculture of the Mind –Perspectives on Biodiversity and Biotechnology, Third World Network, 1993

おわりに

　これまで述べてきた里山論は、前半部分で記した里山に対する新しい視点を、後半の「青き清浄の地」に結びつける部分に最大の独自性を持っている。前半部分で述べた里山への新しい見方に関しても、今の時代にあって一番先に進んだ視点を提示することになっているものと考えているが、はっきりとした文章には書かれないまでも我々の社会の中で漠然とした共通認識が形成されつつある。そういう内容になっている。

　それに対して中盤で「里山」を「自然と人間の良い関係」と位置づける辺りから筆者の目指す方向性が顕わになってくる。更に後半で稲葉の「青き清浄の地」との共通性を議論する部分では、筆者独自の思想が色濃く反映され、客観性とは完全に決別していく。もし仮に他の誰かの筆によってこうした里山論が書かれたならば、議論の展開する方向は大きく違ってきて、同じように展開される可能性はまずあり得ないことであろう。

　この後半部分では、客観的には間違いなく議論を展開する方向性が複数あり得る。その中で筆者が選んだ道が、稲葉の「青き清浄の地」であったのは何故なのか、自分なりに内省してみると、稲葉の哲学に対する筆者の強い賛意と、宮崎作品への同じように強い共感が背景にある。

稲葉は現実の世界の構造に対して非常に厳しい見方を維持しながら、それでいてシニシズムに陥らないための方法を模索している。本文中に少し触れたように識者と呼ばれる人々であっても、「戦争は避けられない。必要悪である」と言ってみたり、逆に「大丈夫。地球の扶養力は人間がいくら増えても養える」と言ってみたりする。これらの発言に接するときに私は、現実の厳しさを直視する精神力がないために、現実から目を逸らそうとする姿を見てしまう。稲葉の哲学には間違いなくその精神力が備わっている。

ナウシカの人格について稲葉も指摘するように、彼女は比類なき「愛する力」を持っている。死期の近い老人や病人、そして彼女の周りで彼女を支えてくれる動物たちを愛するのはまだ普通であるとしても、それだけでなく、腐海に育って猛毒の瘴気を放つ巨大菌類の木々のひとつひとつや、頻繁にナウシカたち人間への攻撃を繰り返す蟲たち、今まさにナウシカたちを飲み込もうとする粘菌までをもナウシカは愛した。

その一方でナウシカは正反対に冷徹な裁きの人でもある。「墓」の抹殺がそれなのであるが、まず「墓」自体が生命体であるし、それと同時に未来の人間の命をもナウシカは絶ち切ってしまった。ゆりかごの中の巨神兵を葬り去ろうとした時にも、「愛の人」ナウシカにしては一見して正反対と見えるような資質が現れている。

こうした両義的なナウシカの資質について、筆者は自分自身を見るような居心地の悪さを感じている。家の周りに私が育てる樹木について、他人に対してどのように紹介したらいいか、「私の愛する者たちです」と表現するのが一番しっくりくるのだ。野山で出会う樹木を見た場合にも、午前の涼しい日光を浴びる枝葉の爽快感や、水辺で呼吸に苦しむ根の息苦しさに思いをはせる。それが天を突く大樹であって、庇護する対象とは到底なり得ない相手でも、ナウシカと同じように「この子、苦しんでる」などと呟く。昆虫のような小動物であれば、出会った最初は身の危険を感じて全身に緊張感を漲らせているが、危険のないことを知らせるように私が努めて緩慢に動作するならば、まもなく緊張を解いてゆったりと時の流れる彼らの心地良い空気の中へと戻っていき、私はその感触を共有して味わうことを喜びとする。

その一方で私は自ら選んで育てることにした樹木と別の樹木の利害が対立するときには、躊躇なく「その場所を退いてもらいます」と邪魔になる樹木を切り倒してしまう。特定の毛虫が多すぎると判断すれば、その毛虫の屍の山を築きながら、その過程で遭遇した別の種類の毛虫は殺さないように気をつける。この不公平な扱いは樹木から見て、また毛虫から見てどう映るだろうか。彼らが何か罪を犯したのであろうか。どの場所に種子が落ちて根付いたか、どの種類の毛虫に生まれついたか、そう言ったことに彼らの責任はないはずだが、それを理由にして個々の生物に対して死刑が執行される。ナウシカがそうしたように、横暴な裁定者として振る舞う自分がいる。

墓を抹殺するときのナウシカの言葉「自分の罪深さにおののきます」。この言葉が年月と共に自分自身の実感へと変わってきた。夏の焼ける日差しの中で草むしりするときには、草の多さに怒りを覚えながらの重労働、身体的過剰負荷なのであるが、それを終えた日の夜には「今日も多くの植物の命を奪ったのだなあ」と思い返す。王蟲は怒りにまかせた殺戮の後に涙を流す、とナウシカが言っているように、殺戮のさなかには怒りと暴発があり、その後には悲しみがある。

多くの若者が経験するように私も漫画『風の谷のナウシカ』の読後には、一時ナウシカの人格に陶酔したのであるが、まもなく決定的な欠点を見いだしてしまった。「わたし生きるの好きよ」と反論するナウシカには、異なる意見に対して討議を経て合意を形成する作業ができない。ナウシカには王制の観点から作品への文学的分析などもなされているが、風の谷の民を率いる氏族に生まれなくとも、実はもともと人格的素養からして専制君主なのである。その資質を自分自身の内面にも見るが故に、ナウシカは私の心の深淵に入り込んで苦しめる棘のような存在である。

ナウシカに比べてアシタカは対話の人である。彼を親友としつつも自分自身はナウシカであること、それは認める以外にない。そうしたナウシカへの言い尽くせない親近感とアシタカへの連帯感とリスペクト、そうした思いが第四章に記した事柄の背景にある。この里山論はまぎれもなく彼ら宮崎作品の主人公たちへの「良き知らせ」である。そして最新作(執筆時点)の『崖の上のポニョ』について、ここに述べてきたような、新しい「自然との関わり」の芽生えと見る読み解きが可能であることを喜んでいる。この作品に筆者が貢献したのかどうか実際のところは分からないが、切望していたものが物語の枝葉の陰から確かに覗いているのに気がついたのだった。

その「里山」を稲葉の「青き清浄の地」として捉え、到達不能だが未来への希望を捨てないための礎であると見なした。こうした筆者の態度に、控えめすぎて物足りなく感じた読者も多いものと思う。世界の構造に対するこうした厳しい認識は、確かに筆者のものである。

それでも筆者には、この里山論の発見が人生を変えるほどの発見になった。かつて「人間は自然にとって弊害でしかない」と信じて、自然に対する自らの影響を最小限に止めるのが「人の道の善」であると思っていたときと比べて、今では私が周囲の動植物と接する時間は、内実がすっかり変わって、濃密で精神的に豊かなものへと深化している。確かに生物の世界に定められた残酷な掟はそのままで、逆に私はその掟に積極的に関わるのであるが、生態系全体としての調和の中に私の役割があったのだ。この里山論を見つけることなくして「自然と人間の関係性」についてのシニシズムから筆者が逃れることは不可能だったと言っていい。

自然との関わりに対するシニシズムの穴は、深くて底が見えないものと少年の頃から思ってきたのだが、それが降りてまた上がってくることのできる窪みへと変わり、実際の穴の姿を把握したことを実感している。本書で述べたような「青き清浄の地」として「里山」が本当に作用するのを、実体験しているのである。

最初に本書の原稿を書き始めたときは雑誌への投稿を考えていた。それを単行本にするように勧めてくれたのは、哲学や倫理学に関わる助言を求めて、同じ学部の中にある研究室に訪ねた後藤正英氏である。また私にとって研究棟までも共有する宮脇博巳氏はごく親しい間柄で、頻繁に彼の研究室を押しかけては植物の同定をはじめとして筆者が抱く多くの疑問につきあって貰い、分類学や生態学の専門的知識に日頃から浴する環境に恵まれることになった。お二人に加えて九州大学出版会の永山俊二氏、並びに多くの方々からの援助に支えられた幸せを深く感謝いたします。

そして、本書を書き終えるまでの私の人生の様々な場面で、その時々に出会った数知れない植物たちや昆虫などの小動物たち、そして数多くはないが大きめの動物たちからも、いろいろなことを学んできた。そうした生き物の多くが、ただでさえ短い天寿も全うすることなく死んでいった。本書は彼らの命に捧げたいと思う。

中 村 聡 (なかむら さとし)

佐賀大学文化教育学部准教授 (人間環境課程)

1966年 東京都生まれ、1989年 北海道大学理学部卒業
1994年 東京工業大学理工学研究科博士後期課程修了 ··· 博士 (理学)
その後、東京大学原子核研究所特別研究員および横浜国立大学非常勤講師を経て1995年より佐賀大学教育学部講師、1996年より現職 (2007年職名改正)

著 書
『環境 〜いま伝えたいこと〜』第6章 (ヘリシティー出版, 2006)
『周縁学〈九州/ヨーロッパ〉の近代を掘る』第一幕 第四章 (昭和堂, 2010)

「青き清浄の地」としての里山
— 生物多様性からナウシカへの思索 —

2012年10月10日 初版第1刷発行

著　　者 —— 中 村 聡
発 行 者 —— 五十川直行
発 行 所 —— (財) 九州大学出版会
〒812-0053 福岡市東区箱崎 7-1-146
九州大学構内
電話 (092)641-0515 (直通)
振替 01710-6-3677
印刷・製本 —— 大同印刷 (株)

 ISBN978-4-7985-0081-2